新型职业农民培育系列教材

玉米高产栽培与病虫害防治新技术

马志 董文广 姜河 主编

中国林业出版社

图书在版编目(CIP)数据

玉米高产栽培与病虫害防治新技术 / 马志,董文广,姜河主编. —北京：中国林业出版社,2017.6(2019.10重印)
新型职业农民培育系列教材
ISBN 978-7-5038-9094-9

Ⅰ. ①玉… Ⅱ. ①马… ②董… ③姜… Ⅲ. ①玉米—高产栽培—栽培技术—技术培训—教材②玉米—病虫害防治—技术培训—教材 Ⅳ. ①S513②S435.15

中国版本图书馆 CIP 数据核字(2017)第 136348 号

出　版　中国林业出版社(100009　北京市西城区德内大街刘海胡同.7号)
E-mail　Lucky70021@sina.com　电话　(010)83143520
印　刷　三河市祥达印刷包装有限公司
发　行　中国林业出版社总发行
印　次　2019年10月第1版第5次
开　本　850mm×1168mm　1/32
印　张　8.25
字　数　280 千字
定　价　29.80 元

(凡购买本社的图书,如有缺页、倒页、脱页者,本社发行部负责调换)

《玉米高产栽培与病虫害防治新技术》

编委会

主　编　　马　志　　董文广　　姜　河
副主编　　海宏文　　刘建斌　　蒋　浩
　　　　　周信群　　李桂梅　　张　楠
　　　　　徐海波　　高　月　　刘建鹏
　　　　　王少贺　　李常保　　尚平染
　　　　　于　飞　　陈雪梅　　王群玲
　　　　　杨光领　　刘凤英　　吴洪涛
　　　　　李　昊
编　委　（按姓氏笔画排序）
　　　　　王大朋　　王艳娜　　王　娟
　　　　　冯艳玲　　李心越　　杨义宁
　　　　　林云霞　　徐　凤　　高连珍
　　　　　逯　帅　　潘丹英

前　言

玉米在我国有悠久的种植历史，无论在营养方面、食用方面，还是在工业方面都有广泛的用途及价值。玉米市场潜力巨大，前景光明。为了能够有效地提升玉米的品质与产量，本书从玉米的选种、育苗、移栽、管理以及病虫害防治等几个方面进行了深入的探索与研究，详细地介绍了玉米高产栽培技术，希望能够有效地促进我国的玉米高产栽培技术的发展与进步。

本书在编写时力求从职业岗位分析入手，以能力本位教育为核心，语言通俗易懂、简明扼要，注重实际操作。主要内容包括生产计划与耕播技术、玉米播种前准备、玉米播种技术、苗期生产管理、穗期生产管理、花粒期生产管理、玉米高产栽培技术、收获储藏与秸秆还田、成本核算与产品销售等。本书既可作为有关人员的培训教材，也可供家庭农场经营者参考。

编　者

目 录

前言
模块一　生产计划与耕播技术……………………………………（1）
　　第一节　玉米的起源及分类………………………………（1）
　　第二节　玉米的用途………………………………………（4）
　　第三节　我国玉米种植区划………………………………（7）
　　第四节　农田建设与耕播技术……………………………（10）
模块二　玉米播种前准备……………………………………………（19）
　　第一节　地块选择与精细整地……………………………（19）
　　第二节　确定种植方式进行合理密植……………………（21）
　　第三节　选择优良品种及种子处理………………………（22）
　　第四节　玉米施肥技术……………………………………（29）
模块三　玉米播种技术………………………………………………（33）
　　第一节　玉米的一生………………………………………（33）
　　第二节　玉米的播期及播种技术…………………………（35）
　　第三节　播种期灌水及施用种肥…………………………（39）
　　第四节　玉米地膜覆盖栽培的增产机理及覆膜技术
　　　　　　………………………………………………………（41）
　　第五节　特用玉米及其栽培技术…………………………（47）
　　第六节　田间调查项目及标准……………………………（51）
　　第七节　玉米田播后苗前土壤封闭除草…………………（53）
模块四　苗期生产管理………………………………………………（59）
　　第一节　玉米的根系………………………………………（59）

第二节 玉米的育苗移栽技术 …………………………（64）
第三节 苗期的田间管理 ……………………………………（70）
第四节 玉米苗期主要病虫草防治 …………………………（74）
第五节 玉米看苗诊断施肥技术 ……………………………（75）
第六节 苗期病虫害草识别与防治 …………………………（76）

模块五 穗期生产管理 …………………………………………（134）
第一节 玉米的茎和叶 ………………………………………（134）
第二节 穗期田间管理 ………………………………………（141）
第三节 防治病虫害 …………………………………………（143）
第四节 玉米拔节孕穗期灌水 ………………………………（143）

模块六 花粒期生产管理 ………………………………………（145）
第一节 生育特点与水肥管理 ………………………………（146）
第二节 预防玉米空秆、倒伏 ………………………………（154）
第三节 穗期主要病虫草防治 ………………………………（156）

模块七 玉米高产栽培技术 ……………………………………（179）
第一节 玉米抗旱栽培 ………………………………………（179）
第二节 复播夏玉米 …………………………………………（182）
第三节 覆膜玉米高产高效栽培技术 ………………………（188）
第四节 大棚软盘育苗移栽技术 ……………………………（190）
第五节 旱地玉米稳产栽培技术 ……………………………（192）
第六节 水地春玉米高产栽培技术 …………………………（195）
第七节 玉米膜下滴灌栽培技术 ……………………………（201）
第八节 玉米旱作节水农业技术 ……………………………（206）
第九节 玉米地膜覆盖栽培技术 ……………………………（210）
第十节 玉米垄侧栽培技术 …………………………………（214）
第十一节 玉米宽窄行交替休闲种植技术 …………………（217）

模块八　收获储藏与秸秆还田 …………………（220）
 第一节　玉米种子的结构、形成过程及储藏特性 …（220）
 第二节　化肥秋施做底肥的优点及方法…………（223）
 第三节　玉米穗腐病………………………………（226）
 第四节　玉米田除草剂秋施技术…………………（229）
 第五节　玉米田鼠害防治…………………………（231）
 第六节　整地与秸秆处理…………………………（242）

模块九　成本核算与产品销售 ………………………（247）
 第一节　玉米生产补贴与优惠政策………………（247）
 第二节　成本与效益分析…………………………（248）
 第三节　产品销售…………………………………（251）

模块一　生产计划与耕播技术

第一节　玉米的起源及分类

一、玉米的起源

玉米起源于美洲大陆，已有 5000 余年的栽培历史。1492 年哥伦布发现美洲大陆后，玉米才由美洲传到欧洲和世界各地，成为世界性的栽培作物。

玉米是世界上分布较广泛的作物之一，从北纬 58°通过热带到达南纬 35°～40°的地区，均有大量栽培，以北美洲最多，其次为远东、拉丁美洲、欧洲、非洲、近东和大洋洲。世界上最适于种植玉米的有三大区域，即美国的中北部、欧洲的多瑙河流域及中国的华北和东北平原，主产国有美国、中国、巴西、墨西哥、印度、俄罗斯等国家。

玉米传入我国距今有 460 余年的历史。玉米适应范围很广，从我国的海南岛到黑龙江，从海拔 3000 米以上的西藏高原到东海之滨，全国各个省(直辖市)都有玉米栽培，但主要集中分布在东北、华北和西南山区，大致从黑龙江起，沿吉林、辽宁经河北、山东、河南、山西、陕西、四川而至云南、贵州、广西等 12 个省(自治区)，形成一个斜长的玉米生产带。这条生产带的玉米播种面积约占全国玉米总面积的 85%。其次为新疆、甘肃、江苏、湖北、安徽等省(自治区)，种植面积约占全国玉米总面积的8%,其他地区玉米栽培面积很少。

二、玉米的分类

(一)按籽粒形态与结构分类

玉米属禾本科玉米属玉米种,按籽粒形态与结构可分为9大类。

(1)硬粒型。果穗多为圆锥形,籽粒坚硬,有光泽,胚乳以角质淀粉为主,粒色有黄、白、红、紫等颜色,而以黄色最多,白色次之,具有早熟、结实性好、适应性强等特点。

(2)马齿型。果穗多为圆柱形,籽粒较大,胚乳以粉质淀粉为主,顶部凹陷呈马齿型,颜色多为黄色,次之为白色,其他颜色较少,具有增产潜力特点。

(3)半马齿型。果穗长锥形或圆柱形,籽粒顶部凹陷与胚乳类型介于硬粒型和马齿型之间,是生产上主要应用的类型。

(4)糯质型。胚乳由角质淀粉组成,籽粒无光泽不透明呈蜡质状,也称之为蜡质玉米,粒色有黄、白等颜色,有果蔬型和加工型两种。

(5)甜质型(也叫甜玉米)。可分为普通甜玉米、超甜玉米和加强甜玉米3类,籽粒胚乳大部分为角质淀粉,乳熟期籽粒含糖量12%~18%,成熟后籽粒皱缩,颜色有黄、白等色,一般用于嫩穗鲜食和加工制作罐头。

(6)爆裂型。穗小轴细,籽粒圆形,顶部突出,较坚硬,多为角质淀粉,遇高温体积膨胀2~3倍,粒色多为黄、白色,其他颜色较少,有珍珠型和米粒型两种。

(7)粉质型。籽粒与硬粒型相似,无光泽,胚乳多由粉质淀粉组成,组织疏松,易磨粉,产量偏低。

(8)有稃型。植株多叶,籽粒外有稃叶包裹,常自交不孕,籽粒坚硬,并有各种形状和颜色,不易脱粒无栽培价值。

(9)甜粉型。籽粒上部为角质淀粉，下部为粉质淀粉，含糖质淀粉较多，生产价值较小。

(二)按生育期分类

(1)早熟品种。生育期 70~100 天，要求积温 2000~2200℃ (大于 10℃ 的有效温度)。这类品种的植株较矮，叶片较少，一般在 14~17 片，果穗为短锥形，千粒重 150~250 克，产量潜力不大。

(2)中熟品种。生育期 100~120 天，要求积温 2300~2600℃。这类品种适应性较广，叶片数一般 18~20 片，果穗大小中等，千粒重 200~300 克。

(3)晚熟品种。生育期 120~150 天，要求积温 2600~2800℃ 以上，这类品种植株高大，叶片数一般 21~25 片，果穗较大，千粒重 300 克左右，产量潜力较高。

(三)按株型分类

(1)紧凑型。株型紧凑，叶片与茎秆的叶夹角小于 15°。

(2)披散型。株型松散，叶片与茎秆的叶夹角大于 30°。

(3)半紧凑型(中间型)。株型较紧凑，叶片与茎秆的叶夹角在 15°~30°。

(四)按籽粒颜色和用途分类

玉米籽粒的颜色可分为黄色、白色、黑色和杂色 4 类。黄玉米含有较多的维生素 A 和胡萝卜素，营养价值较高，而白色玉米则不含有维生素 A。

玉米按用途可以划分为食用、饲用和食饲兼用 3 类。食用玉米主要是指利用它的籽粒作为粮食、精饲料和食品工业原料，通常要求籽粒高产、优质。饲用玉米指用玉米的茎叶作为饲料，要求茎秆粗大，叶片宽而多汁。食饲兼用玉米则要求综合前两者的优点，既要求籽粒高产优质，又要求籽粒完熟时茎叶仍青嫩多汁。

第二节 玉米的用途

玉米籽粒和植株在组成成分方面的许多特点决定了玉米的广泛利用价值。世界玉米总产量中直接用作食粮的只占 1/3，大部分用于其他方面。

一、食用

玉米是世界上最重要的食粮之一，特别是一些非洲、拉丁美洲国家。现今全世界约有 1/3 的人以玉米籽粒作为主要食粮，其中亚洲人的食物组成中玉米占 50%，多者达 90%，非洲占 25%，拉丁美洲占 40%。玉米的营养成分优于稻米、薯类等，缺点是颗粒大、食味差、黏性小。随着玉米加工工业的发展，玉米的食用品质不断改善，形成了种类多样的玉米食品。

（一）特制玉米粉和胚粉

玉米籽粒脂肪含量较高，在储藏过程中会因脂肪氧化作用产生不良味道。经加工而成的特制玉米粉，含油量降低到 1% 以下，可改善食用品质，粒度较细。适于与小麦面粉掺和作各种面食。由于富含蛋白质和较多的维生素，添加制成的食品营养价值高，是儿童和老年人的食用佳品。

（二）膨化食品

玉米膨化食品是 20 世纪 70 年代以来兴起而迅速盛行的方便食品，具有疏松多孔、结构均匀、质地柔软的特点，不仅色、香、味俱佳，而且提高了营养价值和食品消化率。

(三)玉米片

玉米片是一种快餐食品,便于携带,保存时间长,既可直接食用,又可制作其他食品,还可采用不同作料制成各种风味的方便食品,用水、奶、汤冲泡即可食用。

(四)甜玉米

甜玉米可用来充当蔬菜或鲜食,加工产品包括整穗速冻、籽粒速冻和罐头3种。

(五)玉米啤酒

玉米因蛋白质含量与稻米接近而低于大麦,淀粉含量与稻米接近而高于大麦,故为比较理想的啤酒生产原料。

二、饲用

世界上大约65%的玉米都用作饲料,发达国家高达80%,是畜牧业赖以发展的重要基础。

(一)玉米籽粒

玉米籽粒,特别是黄粒玉米,是良好的饲料,可直接作为猪、牛、马、鸡、鹅等畜禽饲料,特别适用于肥猪、肉牛、奶牛、肉鸡。随着饲料工业的发展,浓缩饲料和配合饲料广泛应用,单纯用玉米作饲料的量已大为减少。

(二)玉米秸秆

玉米秸秆也是良好的饲料,特别是牛的高能饲料,可以代替部分玉米籽粒。玉米秸秆的缺点是含蛋白质和钙少,因此需要加以补充。秸秆青储不仅可以保持茎叶鲜嫩多汁,而且在青储过程中经微生物作用产生乳酸等物质,增强了适口性。

(三)玉米加工副产品的饲料应用

玉米在湿磨、干磨、淀粉、啤酒、糊精、糖等加工过程中生产的胚、麸皮、浆液等副产品,也是重要的饲料资源,在美国占饲料加工原料的 5% 以上。

三、工业加工

玉米籽粒是重要的工业原料,初加工和深加工可生产两三百种产品。初加工产品和副产品可作为基础原料进一步加工利用,在食品、化工、发酵、医药、纺织、造纸等工业生产中制造种类繁多的产品,穗轴可生产糠醛。

另外,玉米秸秆和穗轴可以培养生产食用菌,苞叶可编织提篮、地毯、坐毯等手工艺品,行销国内外。

(一)玉米淀粉

玉米在淀粉生产中占有重要位置,世界上大部分淀粉是用玉米生产的。美国等一些国家则完全以玉米为原料。为适应对玉米淀粉量与质的要求,玉米淀粉的加工工艺已取得了引人瞩目的发展。特别是在发达国家,玉米淀粉加工已形成重要的工业生产行业。

(二)玉米的发酵加工

玉米为发酵工业提供了丰富而经济的碳水化合物。通过酶解生成的葡萄糖,是发酵工业的良好原料。加工的副产品,如玉米浸泡液、粉浆等都可用于发酵工业生产酒精、啤酒等许多种产品。

(三)玉米制糖

随着科技的发展,以淀粉为原料的制糖工业正在兴起,品种、产量和应用范围大大增加,其中以玉米为原料的制糖工业尤为引人注目。专家预计,未来玉米糖将占甜味市场的 50%,玉米将成为主要的制糖原料。

(四)玉米油

玉米油是由玉米胚加工制成的植物油脂,主要由不饱和脂肪酸组成。其中,亚油酸是人体必需的脂肪酸,是构成人体细胞的组成部分,在人体内可与胆固醇相结合,呈流动性和正常代谢,有防治动脉粥样硬化等心血管疾病的功效。玉米油中的谷固醇具有降低胆固醇的功效,富含维生素E,有抗氧化作用,可防治眼干燥症、夜盲症、皮炎、支气管扩张等多种功能,并具有一定的抗癌作用。由于玉米油的上述特点,且还因其营养价值高,味觉好,不易变质,因而深受人们欢迎。

第三节 我国玉米种植区划

根据我国的自然条件、玉米的种植制度和栽培特点,可将我国玉米划分为6个种植区域,为北方春播玉米区、黄淮海夏播玉米区、西南山地玉米区、南方丘陵玉米区、西北灌溉玉米区、青藏高原玉米区。

一、北方春播玉米区

北方春播玉米区包括黑龙江、吉林、辽宁、宁夏和内蒙古的全部,山西的大部,河北、陕西和甘肃的一部分。其中,东北地区是玉米的主产区,其玉米产量占全国玉米总产量的40%。本区属寒温带大陆性气候,无霜期短,冬季严寒春季干旱多风,夏季炎热湿润,多数地区年均降水量500毫米以上,分布不均匀,60%集中在夏季形成春旱、夏秋涝的特点,玉米栽培基本上为一年一熟制。种植方式有玉米清种、玉米大豆间作及春小麦套种玉米。在玉米栽培上应注意以下几点。

(1)更换新品种。选育或引进高产、抗倒伏、适宜密植的新杂交种。

(2)增加投入。培肥地力，提高土壤有机质含量，以充分发挥本区光、热、水条件的优势，为玉米生长发育创造良好条件。

(3)扩大玉米覆膜栽培面积。

(4)浇足底墒水。适当深播，以利保全苗和促进壮苗早发。

(5)争取早播。加强田间管理，加快前期生长发育，力争提早开花，延长开花至成熟这一段的时间，发挥后期在干物质生产方面的优势。

二、黄淮海夏播玉米区

位于北方春玉米区以南，淮河、秦岭以北，包括山东、河南全部，河北的中南部，山西中南部，陕西中部，江苏和安徽北部。该区属温带半湿润气候，无霜期170～220天，年均降水量500～800毫米，多数集中在6月下旬至9月上旬，自然条件对玉米生长发育极为有利。但由于气温高，蒸发量大，降水较集中，故经常发生春旱夏涝，而且有风雹、盐碱、低温等自然灾害。栽培制度基本上是一年两熟，种植方式多样，间套复种并存，复种指数高，地力不足成为限制玉米产量的主要因素。在玉米栽培上，应注意以下几点。

(1)推广早熟、高产、抗逆性强的紧凑型玉米杂交种。

(2)增加肥料投入，发挥肥料的增产潜力。本区玉米施肥面积约占总面积的2/3，磷肥不足，钾肥更少，应把肥料施用量提高到施纯氮12千克以上和适量的磷钾肥。

(3)华北地区的套种玉米和麦茬夏播玉米，播时正值一年中最干热的季节，耕作层十分干旱，结合上茬作物后期浇水，在播种前备足底墒，适当深播(6～7厘米)，盖严和镇压，是争取一次全苗的重要措施。对于套种玉米，为了减轻共生期间小麦的遮阴，麦收前后还必须再浇一次水防旱保苗和促进壮苗早发。

(4)华北地区的雨季一般从6月下旬开始,麦茬夏玉米容易发生芽涝。因此,抢早播种或采用套种方法,促使幼苗在大雨到来之前拔节,可避开和减轻涝害。如8月下旬以后降水量逐渐减少,有秋旱发生时,应浇水促进籽粒灌浆,增加粒重。

三、西南山地玉米区

西南山地玉米区包括四川、贵州、广西和云南全省,湖北和湖南西部,陕西南部以及甘肃的一小部分。属温带和亚热带湿润、半湿润气候。雨量丰沛,水热条件较好,光照条件较差,有90%以上的土地为丘陵山地和高原,无霜期为200~260天,年平均温度14~16℃,年降水量为800~1200毫米,多集中在4~10月份,有利于多季玉米栽培。在山区草地主要实行玉米和小麦、甘薯或豆类作物间套作,高寒山区只能种一季春玉米。在玉米栽培上,应注意以下几点。

(1)扩大杂交玉米种植面积,充分挖掘地方种质资源(具有优良遗传特性的纯种称为种质,用它来培育杂交品种),根据生态区划选用单交、双交、三交和群改种,使杂交优良品种面积扩大到80%以上。

(2)在高寒丘陵地区推广玉米覆膜,争农时、夺积温,单产可增加30%~50%。

(3)扩大间套复种面积,提高复种指数,推广玉米规格种植。

(4)在云南、广西南部地区扩大一部分冬种玉米。

(5)本区多数山区丘陵土壤瘠薄,阴雨天气多,应注意加强对病虫害的防治。

四、南方丘陵玉米区

南方丘陵玉米区包括广东、海南、福建、浙江、江西、中国台湾等省全部，江苏、安徽的南部，广西、湖南、湖北的东部。

五、西北灌溉玉米区

西北灌溉玉米区包括新疆的全部和甘肃的河西走廊以及宁夏河套灌溉区。本区属大陆性气候，以一年一熟的春玉米为主。

六、青藏高原玉米区

青藏高原玉米区包括青海和西藏，是我国重要的牧区和林区，玉米是本区新兴的农作物之一，栽培历史很短，种植面积不大但高产，今后颇有发展前途。

第四节 农田建设与耕播技术

一、玉米生产中整地技术的掌握及深松整地的效果

玉米播种前，土壤耕作的任务是精细整地，为玉米的播种和种子萌芽出苗创造适宜的土壤环境。一般要求播种区内地面平整，土壤松碎，无大土块，表土层上虚下实。这样可以使播种深浅一致，并将种子播在稳实而不再下沉的土层中，种子上面盖上一层松碎的覆盖层，促进毛管水不断流向种子处，可保证出苗整齐均匀。

（一）春玉米的标准化整地技术

春玉米前作收获后应立即灭茬，结合施用有机肥进行冬前

深耕。这样经过冬春冻融,有利于促进土壤熟化,改善土壤物理性状;有利于冻死虫蛹,减轻虫害;有利于积蓄雨雪,减少地表径流,提高蓄水保墒能力;有利于土肥相融,提高土壤肥力。春玉米耕深一般以 25~35 厘米为宜,具体耕作要因地制宜,凡上沙下黏或上黏下沙、耕层以下紧接着有黏土层的,可适当深耕,以便沙黏合,改造土层;如果土较薄,下层为砂砾或流沙,则不宜深耕;上碱下不碱的,可适当深耕;下碱上不碱的,要适当浅耕,不要把碱土翻上来;土层深厚、地力较高、施基肥较多的地块可耕深一些;反之,应浅耕。

我国北方旱作农田翻耕后有 2~3 年的后效,因此土壤不必年年翻耕,否则矿质化过快,土壤养分耗损大,且不经济。干旱地区冬前深耕后,应及时耙耢,防止跑墒。但一般地区冬前耕地也必须在早春土壤刚解冻时,及时耙耢减少蒸发。

农时紧来不及秋耕必须春耕时,也可以结合施用基肥春季耕地。春季耕地要及早进行,宜浅不宜深,耕后立即耙耢,避免失墒。特别是春旱多风地区,应多次耙耢,使土壤上虚下实。播种前再镇压提墒,确保出苗。干旱和半干旱地区也可采用深耕不翻土的整地方法,这种方法对地表覆盖破坏小,利于保墒和防止风蚀。

(二)土壤耕作质量检查

1. 耕深及有无重耕或漏耕

玉米标准化耕作措施包含对土壤作用深度的指标,如翻耕深度、播前耙地、开沟深度等。这些指标与玉米出苗、根系发育等有密切关系,是耕作质量的重要指标。检查深度可在作业过程中进行,也可以在作业完成后,沿农田对角线逐点检查。

有无重耕和漏耕可以由作业机工作幅宽与实际作业幅宽求得。重耕会造成地面不平,降低工效,增加能耗;漏耕则会使玉米出苗不齐、生长不匀，增加田间管理的难度。生产中如果出现大面积耕作深度不够和漏耕，则需返工。

2. 地面平整度

地面平整度是指地块内不能有高包、洼坑脊沟存在，否则会引起农田内水分再分配，导致一块田地土壤肥力和玉米生长状况出现显著差异。尤其对灌溉农区和盐碱土壤，平整度更是重要的质量指标。

土地平整度检查，必须从犁地作业开始把关，如正确开犁、耕深一致、没有重耕和漏耕等。辅助作业的平地效果只有在基本作业基础上才能更好地发挥作用。

3. 碎土程度

要求土壤碎散到一定程度，即绵而不细。理想的土壤团块大小应该是既没有比0.5~1毫米小得多的土块，也没有比5~6毫米大得多的土块。因为微细的土粒将堵塞孔隙，而大土块会影响种子与土粒紧密接触吸收水分，还会阻碍幼苗出土。

土壤碎散程度，间接反映水分状况。在过湿或过干的情况下耕作是造成大土块的原因，出现这一情况，说明土壤水分已被大量损失，所以检查碎土状况的同时要检查耕层墒情。

检查耕作后的碎土程度，通常是以每平方米地面上出现某一直径的土块数为指标。同时也要检查在耕层内纵向分布的土块，这些土块的存在是造成缺苗、断垄的主要原因。

在过干时耕作所造成的土块，只有等待降雨和灌溉后去消除它们，过湿时耕作所造成的土块，如耕后水分合适，应及时用表土耕作措施将土块破碎。

经伏耕晒垡和秋耕冻土作用的土块，有利于耕层的熟化。因此，土块的多少和大小不作为检查的内容，这些土块经干湿和冻融作用，十分容易破碎。

4. 疏松度

过于紧实和过于疏松的土层均对玉米生长发育不利。检查疏松度一要抓住耕层有无中层板结；二要注意播前耕层是否过于松软。

土壤过湿或多次作业，耕层中容易形成中层板结，而地表观察时，不易发现，所以疏松度的检查不能观察土表状态，而要用土壤坚实度测定仪，检查全耕层中有无板结层存在。破除中层板结的较好办法是播前全面深松耕以及中耕松土。

播种前耕层不能太松，太松不仅使种子与土粒接触不紧，而且使播种深度不匀，幼苗不齐，甚至引起幼苗期根系接触不到土壤而受旱。播前或播后镇压可调节过松现象，一般是播前松土深度不超过播种深度为宜。

5. 地头地边的耕作情况

机械化生产的单位，因农具起落、机车打弯，地边地头的耕作质量常被忽视，这些地方玉米生长较差，单产较低。犁地、播种按起落线作业，并有精确的行走路线，才能改善和提高地头地边的耕作质量和玉米生长状况。

（三）深松整地的效果

深松整地是一项得到农民普遍认可的抗旱保产机械化技术，尤其在干旱半干旱地区，深松整地的效果更为明显，在提高粮食产量、确保粮食安全方面发挥重要的作用。

1. 有助于改善耕地质量，提高土壤肥力

机械深松可以有效增加土壤的透气性、促进土壤养分和有机质的形成、降低土壤容重。尤其是深松深度在 25～30 厘米时，土壤容重下降更加明显，下降幅度在 0.28～0.32 克/立方厘米。土壤疏松、通透性好，加快了土壤速效养分的变化，使速效磷和速效钾的肥效分别增加 6.5 克/千克和 36.3 克/千克。

玉米高产栽培与病虫害防治新技术

2. 有助于土壤蓄水保墒，增强抗旱能力

深松可以打破犁底层，增加土壤孔隙度和渗透强度，减轻土壤径流，较多地吸纳、蓄存伏雨和秋冬雨雪，并随耕层加深逐渐递增。据测试，深松达到30厘米，每公顷地块可多蓄水400立方米左右。深松地块初春平均含水量为21.88%，比未深松提高6%。

3. 有助于作物生长发育，保证粮食增产

深松为作物创造了良好的耕层结构和物质基础条件，促进了作物生长发育。据估算，玉米增产幅度5%～20%，平均增产达10%。

二、玉米保护性耕作技术

保护性耕作技术是对农田实行免耕、少耕，尽可能减少土壤耕作，并用作物秸秆、残茬覆盖地表，或保留高根茬秸秆30%以上和作物残留物覆盖率不低于30%的耕作技术，是一项提高土壤肥力和抗旱能力的先进耕作技术。

机械化保护性耕作技术与传统耕作技术相比可减少土壤风蚀、水蚀，减少土壤流失和抑制农田扬尘的功效，提高土壤肥力和抗旱能力；能明显提高旱区粮食产量、降低农业生产成本、改善生态环境、促进农业可持续发展等特点，主要应用于干旱、半干旱地区农作物生产。

据中国农业大学保护性耕作研究中心2003年对10个示范县的实施效果监测数据显示，保护性耕作能不同程度的降低作业成本，可降低地表径流60%、减少土壤流失80%、减少大风扬沙60%，并具有增产玉米4.1%的效果。

玉米机械化保护性耕作包括四项内容：一是田间秸秆覆盖技术。将30%以上的玉米秸秆、残茬覆盖地表，用高根茬固土，保护土壤，减少风蚀、水蚀和水分无效蒸发，提高天然降雨利用效率。二是免耕、少耕技术。改革铧式犁翻耕土壤的传统耕作方式，实行免耕或少耕。免耕就是除播种之外不进行任何耕作，使用免耕播种机将种子播在秸秆覆盖的土壤中。少耕包括深松与表土（浅旋、浅耙）耕作，深松即疏松深层土壤，基本上不破坏土壤结构和地面植被，可提高天然降雨入渗率，增加土壤含水量。三是免耕、少耕播种技术。在有残茬覆盖的地表实现开沟、深施肥、播种、覆土、镇压复式作业，简化工序，减少机械进地次数，降低成本。四是杂草、病虫害控制和防治技术。依靠化学药品防治病虫草害发生，也可结合浅松和耙地等作业进行机械除草。

（一）主要推广的技术路线

田间玉米秸秆覆盖和高留茬→免耕（少耕）播种→化学灭草、灭虫→苗期深松→深松。

（二）田间秸秆覆盖技术

1. 玉米秸秆粉碎还田覆盖

还田方式可采用秸秆还田机和联合收割机自带粉碎还田机作业覆盖两种。

2. 整秆还田覆盖

适合冬季风大的地区，人工收获玉米后对秸秆不作处理，秸秆直立在地里，以免秸秆被风吹走，播种时将秸秆按播种机行走方向撞倒，或人工踩倒进行覆盖。

3. 留茬覆盖

在风蚀严重及以防治风蚀为主，且玉米秸秆需要综合利用的地区，实施保护性耕作技术可采用机械收获时留高茬＋免耕播种作业，或机械收获时留高茬＋粉碎浅旋播种复式作业方式处理。

(三)免耕、少耕机械播种技术

免耕播种。在留茬和秸秆覆盖地,原茬保留于地表进行免耕播种。用免耕播种机一次完成破茬开沟、深施肥、播种、覆土、镇压作业。

少耕播种。进行必要的地表(轻耙或浅旋灭茬)进行播种作业。

为保证播种质量,播种作业主要采用两种方式:一种是地表覆盖率小于40%可采用免耕播种,使用小型免耕播种机作业;另一种是地表覆盖率大于40%或播种高茬穴播作物时,一般需采用少耕(表土处理后)播种。

1. 播种量

玉米一般亩播种量为1.5~2千克,半精量播种单双籽率≥90%。

2. 播种深度

播种深度一般控制在3~5厘米,沙土和干旱地区播种深度应适当增加1~2厘米。

3. 施肥深度

一般为8~10厘米(种肥分施),即在种子下方4~5厘米。

4. 选择优良品种,并对种子进行精选处理

要求种子的净度不低于98%,纯度不低于97%,发芽率达95%。播种前应适时对所用种子进行药剂拌种、等离子体、磁化或浸种等处理。

(四)杂草、病虫害控制和防治技术

防治病、虫、草害是保护性耕作技术的重要环节之一。为了使覆盖田玉米作物生长过程中免受病、虫、草害的影响,保

证农作物正常生长,目前主要用化学药品防治病虫草害的发生,也可结合浅松和耙地等作业进行机械除草。

1. 病虫草害防治的要求

为了能充分发挥化学药品的有效作用并尽量防止可能产生的危害,必须做到使用高效、低毒、低残留化学药品,使用先进可靠的施药机具,采用安全合理的施药方法。

2. 化学除草剂的选择和使用

除草剂的类型主要有乳剂、颗粒剂和微粒剂。施用化学除草剂的时间可在播种前或播后出苗前,一般是和播种作业结合进行,施除草剂的装置位于播种机之后,将除草剂施于土壤表面。

3. 病虫害的防治

病虫害的防治主要是依靠化学药品防治病虫危害。一是对作业田块病虫害情况做好预测;二是对种子要进行包衣或拌药处理;三是根据苗期作物生长情况进行药物喷洒。

(五)深松技术

深松由于动土量小,耕层土壤结构不变,其主要作用是疏松土壤,打破犁底层,增强降水入渗速度和数量。减少了由于翻耕后裸露的土壤水分蒸发损失。深松方式可选用局部深松或全方位深松。

1. 局部深松

根据不同土壤条件进行相应的深松作业。主要技术要求:

(1)适耕条件。土壤含水量在15%~22%。

(2)作业要求。与当地玉米种植行距相同;深松深度为23~30厘米;深松时间:播前或苗期进行,苗期作业应尽早进行,玉米不应晚于5叶期。

(3)配套措施。天气过于干旱时，可进行人工造墒。

(4)作业周期。一般2~4年深松一次。

2. 全面深松

选用倒V形全方位深松机根据不同土壤条件进行相应的深松作业，主要技术要求：

(1)适耕条件。土壤含水量在15%~22%。

(2)作业要求。深松深度35~50厘米；深松时间：在秸秆处理后或播种前作业；作业中松深一致，不得有重复或漏松现象。

(3)配套措施。天气过于干旱时，可进行人工造墒。

(4)作业周期。一般2~4年深松一次。

三、播种机具的调试

播种前检修好农机具，按照精准播种的要求调试好播种机具的传动、排种、追肥等部件，对于播种机，要重点检修排种器、排肥器，对于气吸式播种机还要重点检修风机；针对拖拉机，要重点检修、保养发动机、变速器等。播种机做到行距、播深一致，播种机行距调整为40~70厘米，播种深度调整为4~5厘米，机播肥深度调整为10厘米，种肥间隔6厘米。播种机开沟要宽，覆土要严。

模块二 玉米播种前准备

模块二　玉米播种前准备

玉米又名玉蜀黍，俗名很多，如苞米、苞谷、玉茭、玉麦、棒子及珍珠米等，是全球种植范围最广、产量最大的谷类作物，居三大粮食（玉米、小麦、大米）之首。我国是玉米生产和消费大国，播种面积、总产量、消费量仅次于美国，均居世界第二位。从未来发展看，玉米将是我国需求增长最快，也将是增产潜力最大的粮食品种。抓好玉米生产，就抓住了粮食持续稳定发展的关键。如何挖掘生产潜力，加快玉米发展，保持玉米能够基本自给，是确保国家粮食安全的一件大事。玉米是我国今后一个时期消费需求增长最快的粮食品种。在进行玉米生产之前就要给玉米找好销路，制订好生产计划，做到丰产更丰收。农业专家提醒农民，密切关注温度变化和积雪融化等天气状况，精心做好备春耕工作。精选种子，购买化肥，提早检修农机具，清理灌渠淤泥，抓住有利天气及早进行春耕生产。

第一节　地块选择与精细整地

一、地块选择

玉米适应性很强，各种土壤都适宜玉米生产，但要达到高产的指标，选择相应的土壤也是一个关键的条件。

（一）土层深厚

土层深厚有利于形成强大的根系，提高根系吸水吸肥能力。土层厚度在60厘米以上,耕层的熟土层20厘米以上较为适宜玉米生长。

(二)质地适中

土壤过于疏松或过于紧实都不利于玉米生长,一般选择沙壤或轻壤土较好。

(三)肥力较高

玉米是需肥较多的作物,其生长发育所需的养分主要来源于土壤中,因此应选择土壤基础肥力好的地块种植玉米。

(四)排水良好

玉米虽需水较多,但它不耐涝。当土壤的田间持水量达到80%以上时,就会影响玉米生长。

二、精细整地

翻耕是对土壤的全面作业,只有在作物收获后的土壤宜耕期内及时进行。有伏耕、秋耕和春耕3种类型。我国北方地区伏耕、秋耕比春耕更能接纳、积蓄伏、秋季降雨,减少地表径流,对储墒防旱有显著作用。伏耕、秋耕比春耕能有充分时间熟化耕层,改善土壤物理性状,能更有效地防除田间杂草,并诱发表土中的部分杂草种子。就北方地区的气候条件及生产条件而论,伏耕优于秋耕,早秋耕优于晚秋耕,秋耕优于春耕。春整地地块要做到早整地,坚持顶凌整地,顶墒起垄,蓄住土中墒。春耕的效果差主要是由于翻耕将使土壤水分大量蒸发损失,严重影响春播和全苗。春整地坚持连续作业。对春季未达到待播状态的秋整地地块,要适时耙耱、起垄、镇压保墒,一次成型达到待播状态。翻耕推广大型机车和中型机车有机结合,农机与农艺相结合,提高耕作质量。我国北方旱作农田翻耕后有2~3年后效,灌溉农田有1~2年后效。因此,土壤不

模块二 玉米播种前准备

必年年翻耕,否则矿质化过快,土壤养分耗损大,且不经济。

第二节 确定种植方式进行合理密植

玉米种植方式多种多样,现在各地仍以等行距和宽窄行方式为主,具体介绍如下。

一、等行距种植

这种方式是行距相等,株距随密度而有不同。其特点是植株在抽穗前,地上部叶片与地下部根系在田间均匀分布,能充分地利用养分和阳光;播种、定苗、中耕锄草和施肥培土都便于机械化操作。但在肥水高密度大的条件下,在生育后期行间郁蔽,光照条件差,光合作用效率低,群体个体矛盾尖锐,影响进一步提高产量。

二、宽窄行种植(大垄双行栽培)

宽窄行种植也称大小垄,行距一宽一窄,一般大行距60~80厘米,窄行距40~50厘米,株距根据密度确定。其特点是植株在田间分布不匀,生育前期对光能和地力利用较差,但能调节玉米后期个体与群体间的矛盾,所以在高肥水高密度条件下,大小垄一般可增产10%。在密度较小的情况下,光照矛盾不突出,大小垄就无明显增产效果,有时反而会减产。

除此之外,近年来提出的还有比空栽培法、大垄平台密植栽培技术等。

在生产实践中,选择种植方式时应考虑地力和栽培条件。当地力和栽培条件较差的情况下,限制产量的主要因子是肥水条件,实行宽窄行种植,会加剧个体之间的竞争,从而削弱了个体的生长;但在肥水条件好的情况下,限制产量的主要因子是光、气、热等,实行宽窄行种植,可以改善通风透光条件,从而提高产量,所以,种植方式应因时、因地而宜。

三、密植幅度及购种量

在生产上,采用哪种种植方式要因地制宜,灵活掌握。大量研究证明,在种植密度相同条件下,不同种植方式对产量增减的影响不是十分显著。

各地密植的适宜幅度,应根据当地的自然条件、土壤肥力及施肥水平、品种特性、栽培水平等确定。相同品种在同一地区,阳坡地应比阴坡地或平原密些;光照足、雨水少的地区应比阴雨多、光照弱的地区密些;土壤肥沃、施肥水平高的地块应密些;茎叶紧凑上冲、生育期短、单株生产力低的品种应密些;晚熟的应稀些;反之则相反。

玉米播种量的计算方法为:

$$用种量 = 播种密度 \times 每穴粒数 \times 粒重 \times 面积$$

应重点发展玉米精播技术,提高播种质量。种子质量好、芽势强的品种应提倡单粒播种,既节省用种量,又节省间苗用工。

第三节　选择优良品种及种子处理

农民选择农作物品种时应该遵循产量是基础、抗病是保证、质量是效益的原则。玉米应选择高产、耐密、广适性、商品性好的品种。如何选好玉米良种,是关系到秋季产量增收的关键问题。

一、选择玉米种子应遵循的原则

(一)根据热量资源条件(积温)选种

热量充足,就尽量选择生长期较长的玉米品种,使优良品种的生产潜力得到有效发挥。但是，过于追求高产而采用生长期过长的玉米品种，则会导致玉米不能充分成熟，籽粒不够饱满，影响玉米的营养和品质。所以，选择玉米品种，既要保证玉米正常成熟，又不能受早霜危害。禁止越区种植，要将早、中、晚熟品种进行合理的搭配，尽量不要种植贪青晚熟作物品种。地势高低与地温有关，岗地温度高，宜选择生育期长的晚熟品种或者中晚熟品种；平地生育期适宜选择中晚熟品种；洼地宜选择中早熟品种。

（二）根据当地生产管理条件选种

在生产管理水平较高，且土壤肥沃、水源充足的地区，可选择产量潜力高、增产潜力大的玉米品种。反之，应选择生产潜力稍低，但稳定性能较好的品种。

（三）根据前茬种植选种

前茬种植的是大豆，土壤肥力则较好，宜选择高产品种；若前茬种植的是玉米，且生长良好、丰产，可继续选种这一品种；若前茬玉米感染某种病害，选种时应避开易染此病的品种。另外，同一个品种不能在同一地块连续种植三四年，否则会出现土地贫瘠、品种退化现象。

（四）根据病害选种

病害是玉米丰产的克星，为了保证玉米高产稳选育和推广抗病品种，尤其是抗大小斑病和茎腐病的品种是生产上迫切需要解决的问题。

（五）根据种子外观选种

玉米品种纯度的高低和质量的好坏直接影响到玉米产量的高低。选用高质量品种是实现玉米高产的有利保证。优质的种子包装袋为一次封口，有种子公司的名称和详细的地址、电话；种子标签注明的生产日期、纯度净度、水分、芽率明确；

种子的形状、大小和色泽整齐一致。

(六)根据当地降水等自然条件选种

降水多的地区可选喜欢肥水的丰产型品种,干旱风沙地区可选耐瘠薄型品种。

因此,应根据当地的实际情况,因地制宜选用良种,并做到良种良法配套,才能发挥良种的增产潜力。

二、精选种子

为了提高种子质量,在播种前应做好种子精选工作。根据玉米果穗和籽粒较大的特点,精选玉米种子可采取穗选和粒选等方法。

对选过的种子,特别是由外地调换来的良种,都要做好发芽试验。我国规定玉米种纯度应不低于96%、净度不低于98%、发芽率不低于85%、水分不高于13%。发芽率如低于85%,要酌情增加播种量。

玉米精播技术的种子质量。现在种子国家标准芽率≥85%,不适合机械化要求。玉米精播技术采用先进播种机是精量播种,单粒点播。种子要精选分级、粒型一致,发芽率≥95%,发芽势≥90%、纯度≥98%、净度100%的优质品种。

三、种子处理

玉米在播种前,通过晒种、浸种和药剂拌种等方法,增强种子发芽势,提高发芽率,并可减轻病虫为害,以达到苗早、苗齐、苗壮的目的。

(一)晒种

粒选后播种前进行。方法是选晴天把种子摊在干燥向阳的地上或席上,连续晒2~3天,并要经常翻动种子,晒匀、晒到。

(二)浸种

可增强种子的新陈代谢作用，提高种子生活力，促进种子吸水萌动，提高发芽势和发芽率，并使种子出苗快，出苗齐，对玉米苗全、苗壮和提高产量均有良好作用。浸种方法如下：

用冷水浸种 12~24 小时，温烫（水温 55~58℃）浸种 6~12 小时，比干种子均有增产效果。在生产上，也有用腐熟人尿 25 千克兑水 25 千克浸泡 6 小时或用腐熟人尿 15 千克兑水 35 千克浸 12 小时，有肥育种子，提早出苗，促使苗齐、苗壮等作用，但必须随浸随种，不要过夜；还有用 500 倍磷酸二氢钾溶液浸种 12 小时，有促进种子萌发，增强酶的活性等作用。

但必须注意，在土壤干旱又无灌溉条件的情况下，不宜浸种。因为浸泡的种子胚芽已萌动，播在干土中容易造成"回芽"（或叫烧芽、芽干），不能出苗，招致损失。

(三)种子药剂处理

为了防治病害，可用 20% 萎锈灵拌种，用药量是种子量的 1%，可以减轻玉米黑粉病的发生，并可防治玉米丝黑穗病。

对于地下害虫如金针虫、蝼蛄、蛴螬等，可用 50% 辛硫磷乳油，用药量为种子量的 0.1%~0.2%，用水量为种子量的 10% 稀释后进行药剂拌种，或进行土壤药剂处理或用毒谷、毒饵等，随播种随撒在播种沟内，都有显著的防治效果。

种子包衣是一项种子处理的新技术，就是给种子裹上一层药剂。它是由杀虫剂、杀菌剂、复合肥料、微量元素、植物生长调节剂和成膜物质加工制成的，能够在种子播种后具有抗病、抗虫以及促进生根发芽的能力。拌种用量一般为种子量的 1%~1.5%。包衣的方法有两种：一是机械包衣，由种子部门集中进行，适用于大批量种子处理；二是人工包衣。

四、玉米种子发芽试验

农民购种后第一件事就是马上做发芽试验,最适用的方法是用砂培法。种子发芽率是种子质量检验中的一项指标,是指在规定的条件和时间内,长出的正常幼苗数占供检种子数的百分率。种子发芽率高低直接影响着农业增产,农民增收。

(一)种子室内发芽试验的步骤

(1)数取试样。试样必须是经过净度分析后的净种子,从净种子中用数种仪或手工随机数取400粒。

(2)发芽床。发芽床必须按照《农作物种子检验规程》要求的砂粒,在使用前必须经洗涤高温杀菌消毒。

(3)种子置床。将消毒拌好的湿沙装入培养盒至4厘米左右厚,把数取的种子排在培养盒内,每个盒内均匀排放50粒种子,粒与粒之间要保持一定的距离,避免种子受到病菌感染,再盖1.5厘米左右湿沙后放入种子培养箱内。

(4)温度。种子发芽温度通常为最低、最适、最高3种。玉米种子发芽温度最适为25℃。

(5)发芽试验时间。按照《农作物种子检验规程》规定要求,玉米种子发芽试验持续时间是7天。

(6)幼苗鉴定。在规定的试验时间内从种子培养箱内取出长成的幼苗,用清水洗干净后按有关规定鉴定幼苗,幼苗鉴定分为正常幼苗、不正常幼苗、死种子3类。

(二)布卷或毛巾卷发芽试验的步骤

布卷和毛巾卷发芽试验是在没有培养皿的情况下或在调种途中,利用纱布、毛巾做发芽床进行发芽试验。方法步骤如下:

(1)将纱布或毛巾先煮沸消毒,然后沥去多余的水分,摊平。

(2)从经过净度测定后的好种子中数取试样2~4份,每份50粒(大粒种子)或100粒(中小粒种子)。

(3)当纱布或毛巾摊晾至不烫手时,把种子排列在半块毛巾上面,粒距2~3厘米,边上要留出3~4厘米,并留半块毛巾覆盖。

(4)在边上放一只筷子,把布或毛巾卷成棍棒状,两头用橡皮圈或线轻轻缚住,挂上标签,直放或横放在有水的杯内或盆内,纱布或毛巾可自动吸水供种子发芽用。

(5)再将盆或杯放于温度适宜的地方,并要经常喷水或加水,定期检查发芽势和发芽率。

五、玉米种子包衣技术

玉米种子包衣,不仅能够防治苗期病虫鼠害,还能促进玉米苗生长发育,而且具有省种、省工、省药等节约成本的效果。

(一)种子初加工

包衣前要对玉米种子进行初加工,被包衣的玉米种子必须经过精选,去除杂质和破碎粒,其成熟度、发芽率、水分含量等均应符合良种标准化要求,否则影响到种子包衣效果。

(二)选择种衣剂

根据需要选用种衣剂型号,根据当地玉米常发生主要病虫害选用种衣剂型号,如玉米大小斑病、黑粉病、地下害虫、螟虫等病害重的选用旱粮种衣剂1号。

(三)种衣剂用量

包衣时确定种衣剂用量,种衣剂用量应根据种衣剂的有效成分和作物来决定。药种比例一般是以每百克种子所需药肥有效物克数表示,即有效物克数/100 克种子。如旱粮种衣剂 1 号 0.5~0.8 克/100 克种子。

(四)玉米种子包衣方法

1. 机械包衣法

种子公司或大的生产单位用包衣机包衣。包衣前,要根据包衣机械以及种衣剂的有关说明和药种比例进行调配。包衣过程中,要经常观察计量装置工作情况,如有变化则要重调。

2. 人工包衣法

农户及量小的生产单位可采用人工包衣法。

塑料袋包衣法:把备用的两个大小相同的塑料袋套在一起,取一定数量的种子和相应数量的种衣剂装在里层的塑料袋内,扎好袋口,然后用双手快速揉搓,直到拌匀为止,倒出即可备用。

大瓶或小铁桶包衣法:准备有盖的大玻璃瓶或小铁桶,如可装 2000 克的大瓶或小铁桶,应装入 1000 克种子和相应量的种衣剂,立即快速摇动,拌匀为止,倒出即可备用。

圆底大锅包衣法:先将大锅固定,清洗晒干,然后称取一定数量种子倒入锅内,再把相应数量的种衣剂倒在种子上,用铁铲或木棒快速翻动拌匀,使种衣剂在种子表面均匀迅速地固化成膜后取出。

(五)提早包衣

为了满足玉米种子的供应,及包衣膜完好的固化,应提早包衣,要求在播种前两周包衣完毕。

(六)妥善储存包衣种子

已包衣好的种子,应立即装入聚丙烯双层编织袋内,单仓储存,绝不能与粮食、饲料混储。

模块二 玉米播种前准备

第四节 玉米施肥技术

一、施足基肥

基肥又称底肥，播种前施入，应以有机肥料为主，化肥为辅。基肥的主要作用是培肥地力，疏松土壤，缓慢释放养分，供给玉米幼苗期和生育后期生长发育的需要。

基肥施用方法要因地制宜，主要有撒施、条施和穴施3种方法。基肥充足时可以撒施后耕翻入土，或大部分撒施小部分集中施。有机肥每公顷施用含有机质8%以上的农肥3万～4万千克，结合整地撒施或破垄条施夹肥。化肥以磷钾肥为主，将70%的磷钾肥与有机肥一起施用。一般每亩施用磷酸二铵6～10千克，施用硫酸钾3～4千克，施钾肥增产效果明显。

如肥料不足，可全部沟施或穴施。"施肥一大片，不如一条线（沟施），一条线不如一个蛋（穴施）"，群众的语言生动地说明了集中施肥的增产效果。

二、玉米测土配方施肥技术

（一）玉米需肥特点

1. 不同生长时期玉米对养分的需求特点

每个生长时期玉米需要养分比例不同。玉米从出苗到拔节，吸收氮2.5%、有效磷1.12%、有效钾3%；从拔节到开花，吸收氮素51.15%、有效磷63.81%、有效钾97%；从开花到成熟，吸收氮46.35%、有效磷35.07%、有效钾0%。

玉米营养临界期：玉米磷素营养临界期在三叶期，一般是种子营养转向土壤营养时期;玉米氮素临界期则比磷稍后,通常在营养生长转向生殖生长的时期。临界期对养分需求并不大,但养分要全面,比例要适宜。这个时期营养元素过多过少或者不平衡,对玉米生长发育都将产生明显不良影响,而且以后无论怎样补充缺乏的营养元素都无济于事。

玉米营养最大效率期:玉米最大效率期在大喇叭口期,这是玉米养分吸收最快最大的时期。这期间玉米需要养分的绝对数量和相对数量都最大,吸收速度也最快,肥料的作用最大,此时肥料施用量适宜,玉米增产效果最明显。

2. 玉米整个生育期内对养分的需求量

玉米生长需要从土壤中吸收多种矿物质营养元素,其中以氮素最多,钾次之,磷居第三位。一般每生产100千克籽粒需从土壤中吸收纯氮 2.5 千克、五氧化二磷 1.2 千克、氧化钾 2.0 千克。氮、磷、钾比例为:1∶0.48∶0.8。

(二)玉米施肥量

1. 确定目标产量

目标产量就是当年种植玉米要定多少产量,它是由耕地的土壤肥力高低情况来确定的。另外,也可以根据地块前 3 年玉米的平均产量,再提高 10%～15% 作为玉米的目标产量。例如,某地块为较高肥力土壤,当年计划玉米产量达到 600 千克,玉米整个生育期所需要的氮、磷、钾养分量分别为 15 千克、7.2 千克和 12 千克。

2. 计算土壤养分供应量

测定土壤中含有多少速效养分,然后计算出 1 亩①地中含有多少养分。1 亩地表土按 20 厘米算,共有 15 万千克土,如

---

① 1 亩≈666.7 平方米。

果土壤碱解氮的测定值为 120 毫克/千克,有效磷含量测定值为 40 毫克/千克,速效钾含量测定值为 90 毫克/千克,则 1 亩地土壤有效碱解氮的总量为:15 万千克×120 毫克/千克×10^{-6}=18 千克,有效磷总量为 6 千克,速效钾总量为 13.5 千克。由于土壤多种因素影响土壤养分的有效性,土壤中所有的有效养分并不能全部被玉米吸收利用,需要乘上一个土壤养分校正系数。我国各省配方施肥参数研究表明,碱解氮的校正系数为 0.3~0.7(Olsen 法),有效磷校正系数为 0.4~0.5,速效钾的校正系数为 0.5~0.85。氮、磷、钾化肥利用率为:氮 30%~35%、磷 10%~20%、钾 40%~50%。

3. 确定玉米施肥量

有了玉米全生育期所需要的养分量和土壤养分供应量及肥料利用率就可以直接计算玉米的施肥量了。再把纯养分量转换成肥料的实物量,就可以用来指导施肥。根据前面当中的数据,亩产 600 千克玉米,所需纯氮量为(15-18×0.6)÷0.30=14 千克。磷肥用量为(7.2-6×0.5)÷0.2=21 千克,考虑到磷肥后效明显,所以磷肥可以减半施用,即施 10 千克。钾肥用量为(12-13.5×0.6)÷0.50=8 千克。若施用磷酸二铵、尿素和氯化钾,则每亩应施磷酸二铵 20~22 千克,尿素 22~25 千克,氯化钾 14 千克。

4. 微肥的施用

玉米对锌非常敏感,如果土壤中有效锌少于 0.5~1.0 毫克/千克,就需要施用锌肥。土壤中锌的有效性在酸性条件下比碱性条件要高,所以现在碱性和石灰性土壤容易缺锌。长期施磷肥的地区,由于磷与锌的拮抗作用,易诱发缺锌,应给予补充。常用锌肥有硫酸锌和氯化锌,基施亩用量 0.5~2.5 千克,拌种为 4~5 克/千克种子,浸种浓度 0.02%~0.05%。

如果复混肥中含有一定量的锌就不必单独施锌肥了。

(三)玉米施肥方法

1. 基肥

2000~3000千克有机肥、全部磷肥、1/3氮肥、全部的钾肥做基肥或种肥。可结合犁地起垄一次施入播种沟内,使肥料施到10~15厘米的耕层中。所有的化肥都可做基肥。

2. 种肥

种肥是最经济有效的施肥方法。种肥的施用方法多种,例如拌种、浸种、条施、穴施。

拌种:可选用腐殖酸、生物肥以及微肥,将肥料溶解,喷洒在玉米种子上,边喷边拌,使肥料溶液均匀地沾在种子表面,阴干后播种。

浸种:将肥料溶解配成一定浓度,把种子放入溶液中浸泡12小时,阴干后随即播种。

条施、穴施:化肥适宜条施、穴施,做种肥化肥每亩用量2~5千克。但肥料一定与种子隔开;深施肥更好,深度以10~15厘米为宜。尿素、碳酸氢铵、氯化铵、氯化钾不宜做种肥。

3. 追肥

剩下2/3氮肥做追肥。追肥分苗肥、秆肥、穗肥和粒肥4种追肥时期,并将以下两个时期作为重点。

秆肥:拔节后10天内追施,有促进茎生长和促进幼穗分化作用。将追肥中氮肥的1/3做拔节肥,结合铲趟,肥与苗的距离5~7厘米。

穗肥:剩下的氮肥在玉米抽雄前10~15天大喇叭口期施入,能促进穗大粒多,并对后期籽粒灌浆也有良好效果。

模块三　玉米播种技术

俗话说"三分管，七分种"，可见农民对播种质量的重视程度。随着玉米产量的提高，播种技术对产量的作用逐渐增强。只有做到精细播种，达到"苗齐、苗匀、苗全、苗壮"的要求，才是最终获取产量丰收的先决条件。播种技术包括播种时间的选择、合理密植、播种量以及播种深度等。

第一节　玉米的一生

一、生育特征

从播种到新种子成熟为止，称为玉米的一生。在玉米的一生中，按形态特征、生育特点和生理特性，可分为苗期阶段（出苗—拔节）、穗期阶段（拔节—抽雄）、花粒期阶段（抽雄—成熟）3个不同的生育阶段，每个阶段又包括不同的生育时期。这些不同的阶段与时期既有各自的特点，又有密切的联系。

二、玉米的生育期和生育时期

（一）生育期

玉米从播种至成熟的天数称为生育期。玉米生育期的长短与品种、播种期和温度等有关。早熟品种生育期短，晚熟品种生育期较长；播种期早的生育期长，播种期迟的生育期短；温度高的生育期短，温度低的生育期就长。

(二)生育时期

在玉米一生中,由于自身量变和质变的结果及环境变化的影响,不论外部形态特征还是内部生理特性,均发生不同的阶段性变化,这些阶段性变化,称为生育时期,如出苗、拔节、抽雄、开花、吐丝和成熟等。为了便于观察和记载,将玉米的一生划分为几个生育时期,各生育时期及鉴别标准如下:

(1)出苗期:幼苗出土高约 2 厘米的日期。

(2)三叶期:植株第三片叶露出叶心 3 厘米。

(3)拔节期:植株雄穗开始分化,节间伸长,茎节总长度达 2~3 厘米,叶龄指数 30 左右。

(4)小喇叭口期:雌穗进入伸长期,雄穗进入小花分化期,叶龄指数 46 左右。

(5)大喇叭口期:雌穗进入小花分化期,雄穗进入四分体期,叶龄指数 60 左右,雄穗主轴中上部小穗长度达 0.8 厘米左右,棒三叶甩开呈喇叭口状。

(6)抽雄期:植株雄穗尖端露出顶叶 3~5 厘米。

(7)开花期:植株雄穗开始散粉。

(8)抽丝期:植株雌穗的花丝从苞叶中伸出 2 厘米左右。

(9)籽粒形成期:植株果穗中部籽粒体积基本建成,胚乳呈清浆状,亦称灌浆期。

(10)乳熟期:植株果穗中部籽粒干重迅速增加并基本建成,胚乳呈乳状后至糊状。

(11)蜡熟期:植株果穗中部籽粒干重接近最大值,胚乳呈蜡状,用指甲可以划破。

(12)完熟期:植株籽粒干硬,籽粒基部出现黑色层,乳线消失,并呈现出品种固有的颜色和光泽。

一般大田或试验田,以全田 50% 以上植株进入该生育时期为标志。

第二节 玉米的播期及播种技术

一、播种期

春玉米的播种期主要根据温度、墒情和品种特性来确定。玉米适宜播种期的农业气象指标是：土壤相对含水量为60%～70%，5厘米地温稳定通过8～10℃。在播种阶段一定要及时收听天气预报，根据气候状况考虑采取坐水种、滤水种、种子包衣、催芽播种、育苗移栽和地膜覆盖、玉米膜下滴灌等技术措施，确保一次播种保全苗。

（一）温度

玉米在水分、空气条件基本满足的情况下，播后发芽出苗的快慢与温度有密切关系。在一定温度范围内，温度越高，发芽出苗就越快，反之就慢。玉米种子一般在6～7℃时，可开始发芽，但发芽极为缓慢，容易受到土壤中有害微生物的侵染而霉烂。到10～12℃时发芽较为适宜，25～35℃时发芽最快。生产上当土壤表层5～10厘米深处温度稳定在8～10℃时开始播种为宜。播种过早、过晚，对春玉米生长都不利。播种过早，出苗时间延长，出苗不整齐，易烂种。

黑龙江省的气候是春季气温波动回升，注意关注天气预报，应在"冷尾暖头"天气抢晴播种。

（二）墒情

玉米种子发芽，除要求有适宜的温度、空气外，还需要一定的水分，即需要吸收占种子绝对干重的48%～50%的水分。也就是说，播种深度的土壤水分，达到田间持水量的60%～70%，才能满足玉米种子发芽出苗的需要。因此，春季做好保墒工作,是保证玉米发芽出苗的重要措施。

(三)品种特性

我国各地玉米品种(包括杂交种)很多,各有适应不同气候条件的特性。由于玉米品种特性不同,各有其适宜的播种期。经验证明,必须按照品种特性来掌握播种期,才能使各个品种或杂交种在适宜的环境条件下生育良好。我国北方种植的早熟、中熟和晚熟3种玉米生育类型,生育期长的晚熟种一般适当早播,迟播则在生育后期会遇到低温或早霜,不能正常成熟,降低产量和品质;生育期较短的早、中熟种可适当晚播。

由上述可知,决定玉米适宜的播种期,必须根据当地当时的温度、墒情和品种特性,当然也与土质、地势和栽培制度有关,加以全面考虑,既要充分利用有效的生长季节和有利的环境条件,又要发挥品种的高产特性,既要使玉米丰产,也要为后茬作物创造增产条件达到全年丰收。

黑龙江处于北方春玉米区,玉米生育期间≥10℃活动积温在2700℃以上的地区,一般玉米最适播期为4月15~25日;玉米生育期间活动积温在2500~2700℃的地区,最适宜的播种期为4月20日至5月1日;玉米生育期间活动积温在2300~2500℃的地区,最适播种期为4月25日至5月5日。

二、播种技术

改进播种技术,提高播种质量,是达到苗全、苗齐、苗壮的重要措施。这就要求讲究播种方法,掌握适宜的播种量和播种深度。

(一)播种方法

我国北方玉米产区由于各地气候条件不同,玉米的种植方式有垄作和平作两种。东北地区因为温度低,多采用垄作,以

提高地温。无论是垄作或平作,播种方法主要可分为:

(1)人工埯种。可保证播种质量,节省种子,便于集中施肥和田间管理等作业。在机械力量不足的情况下,可采用人工催芽或催芽坐水埯种。这是苗全、苗齐、苗匀、苗壮的有效措施。土壤底墒充足,含水量高于20%的地块可直接催芽埯种。土壤含水量低于18%~20%的地块必须催芽坐水补墒埯种。

(2)机械播种。机械播种时能一次完成开沟、施肥、投药、播种、覆土、镇压、灭草等多种作业。可以做到播深一致、覆土均匀、缩短播期。

机械垄上播种是在耙茬起垄,或平翻起垄,或深松起垄,或有深翻基础的原垄上进行,均可采用单体播种机精量等距点播,播后及时镇压。播种时种子化肥同时播下,但注意做到种肥分层,以免产生"烧种"现象。

玉米也可以采用机械平播后起垄的方法播种,在平翻或耙茬整地的地块,利用精量点播机平播,播后镇压,苗期起垄。这样可做到抢墒播种,播深一致,覆土均匀深施肥料、缩短播期。

根据收获机械来配置播种方式,目前玉米生产中主要有等行距播种和宽窄行两种播种方式。根据农艺和玉米机收要求,坚持农机与农艺相结合的原则,大力推广玉米精量播种机播种,以利玉米机收和提高产量。在行距一定的情况下,通过调整播种株距,达到不同玉米品种所要求的种植密度。

(二)播种量

因种子大小、种子生活力、种植密度、播种方法和栽培目的而不同。凡是种子大、种子生活力低和种植密度大时,播种量应适当增加;反之,应适当减少。一般机械点播2~3千克。采用气吸式精量播种机播种,每亩下种8000~10000粒。

(三)播种深度

玉米播种要求做到播深一致,覆土均匀。播种深度是根据土质、墒情和种子大小而定,一般以4~5厘米为宜。如果土壤质地黏重、墒情好时,应适当浅些;土壤质地疏松,易于干燥的沙质土壤,应播种深些;大粒种子,可适当深些,可增加到6~8厘米,但以不超过10厘米为宜。应当注意,在土壤墒情、肥力较好的土壤播种过浅,会在苗期产生大量的无效分蘖。

播后镇压。播后覆土以后,要适当镇压,干旱时要重镇压,而土壤水分过多时,不要镇压。

(四)播种质量要求

正常作业前,要试播一个作业行程。检查播种量、播种深度、施肥量、施肥深度、有无漏种漏肥现象,并检查覆土镇压情况,必要时进行适当调整。

提高播种质量,做到先岗后洼、先壤后黏,做到播后镇压,镇压后播深一致。按精准播种技术要求,达到行距一致,接行准确,下粒准确均匀、深浅一致、覆土良好、镇压紧实,一播全苗。

种子与种肥分别播下,严防种、肥混合。实施玉米精量播种,可不用间苗,玉米种子发芽率要达到95%,确保玉米播种质量。

三、适时早播的增产意义

(1)适时早播可以延长玉米生长期,充分利用光能地力,合成并积累更多的营养物质,满足雌、雄穗分化发育以及籽粒形成的需要,促进果穗充分发育,种子充实饱满,提高产量。过晚播种,穗粒数、千粒重下降,秃尖增长。

(2)适期早播,可做到抢墒播种,充分利用早春土壤水分,有利于种子吸水萌发,提高保苗率。

(3)可以减轻病虫危害。适期早播可以在地下害虫发生以前发芽出苗,至虫害严重时,苗已长大,增强抵抗力,因而减轻苗期虫害,保证全苗,同时还可以避过或减轻中后期玉米螟危害。

春玉米适时早播还能够有效地减轻病害。因为玉米早播,在春季低温条件下,不利于黑粉病孢子发芽,可以减轻或避过玉米发病。

(4)可以增强抗倒伏能力。春玉米适当早播可使幼苗在低温和干旱环境条件下经过锻炼,地上部生长缓慢而根系发达,根群能向下深扎,为后期植株生长健壮打下基础,因而茎组织生长坚实,节间短粗,植株较矮,增强抗旱、耐涝和抗倒伏能力。

(5)可以避过不良气候的影响,尤其玉米后期有秋霜危害的地方,更为重要。"春种晚一天,秋收晚十天",晚熟与遭受霜害,使籽粒不能充分成熟而降低产量和品质。在干旱地区适当早播既有利于趁墒出苗,又可避过伏旱,使玉米授粉受精良好,获得丰产。

但是过早播种,对玉米生长也不利,常因种子长期处在土壤低温条件下,发芽缓慢,容易引起霉烂或出苗不齐,有时还可能遇到晚霜危害,招致严重减产。

第三节 播种期灌水及施用种肥

一、玉米播种期灌水

玉米播种时土壤田间持水量为40%时,出苗比较困难。

所以,玉米播种前适量灌溉,创造适宜的土壤墒情,是玉米保全苗的重要措施。北方春玉米区冬前耕翻整地后一般不进行灌溉,春季气候干旱,春玉米播种时则需要灌溉,做到足墒下种。

玉米坐水种在东北传统旱区被反复证明是一项行之有效的抗旱保种技术。坐水种技术机动灵活,不受地形限制,能利用各种水源,具有结构简单、投资少、成本低等特点,与农机配套,可提高播种质量,达到苗齐、苗壮的效果。

二、用好种肥

在播种时施在种子附近或随种子同时施入,供给种子发芽和幼苗生长发育的所需的肥料,称为种肥。有些地方也叫口肥、盖粪、窝肥。施用种肥以速效化肥为主,也有施用腐熟农家肥的。因为化肥,特别是氮素化肥会引起烂种,所以要与种子分开施入,深度为8~10厘米。种肥数量:氮肥总量的10%左右及施基肥后剩余的全部磷肥,加入腐熟过的油渣或羊粪20~30千克。

氮素化肥种类和形态很多,因其性质和含量不同,对种子发芽和幼苗生长有不同的影响,有的适宜作种肥,有的不适宜作种肥,应在了解肥料性质后选择使用。就含氮形态来说,固体的硝态氮肥和铵态氮肥,只要用量合适,施用方法恰当,作种肥施用安全可行。硝态氮肥和铵态氮肥均容易被玉米根系吸收,并被土壤胶体吸附,食粮的铵态氮对玉米无害。各地生产实践证明,磷酸二铵做种肥比较安全,碳酸氢铵、尿素作种肥时,必须与种子保持10厘米以上的距离,避免烧苗。

在玉米播种时配合施用磷肥和钾肥有明显的增产效果。氮、磷、钾肥料配合施用效果更好。种肥施用数量应根据土壤肥力、基肥用量而定。在施用基肥较多的情况下,可以少施或

模块三 玉米播种技术

不施用种肥;反之,可以多施种肥。种肥宜穴施或条施,施用化肥应使其与种子隔离或与土壤混合,预防烧伤种子。

第四节 玉米地膜覆盖栽培的增产机理及覆膜技术

玉米覆膜栽培协调土壤耕层的水、热、气、养和改善土壤物理性状,创造一个相对稳定的适于种子萌发和幼苗生长的生态环境,并使玉米自立灌浆阶段处于适宜的气候条件下,增加粒重,提高产量。

一、生态学效应

(一)增温效应

玉米覆膜后,阳光透过薄膜使土壤获得辐射热,从而地温升高;再通过土粒的传导作用,逐渐使耕层土温增高。同时把大部分热量储存在土壤中,还有一部分转化为热能,用于土壤水分蒸发。覆膜的阻隔作用减少了膜内外平行与垂直热对流消耗的土壤热量,抑制土壤中热量向大气中扩散。水汽在膜下的缝隙间循环,减少汽化热损失,相应地增加了土壤热容量。即使有一部分水分从土壤中蒸发出来,到了夜间或阴凉天气,在塑膜下凝聚一层细小水滴,使膜内土壤的温度在较长的时间内保持稳定。

覆膜玉米比陆地玉米全生育期增加积温 200~300℃,其中 90% 的有效积温集中在幼苗期,对玉米发芽、出苗整齐和壮苗有重要作用。据黑龙江省嫩江地区农业科学研究所(1987)研究,覆膜玉米比陆地玉米土壤 10 厘米处增温效果明显,播种后高 6.3℃,孕穗期高 7.9℃;土层 5 厘米处播种后高 4.7℃,孕穗期高 6.8℃。土壤 10 厘米以下随着土壤深度的增加,低温差值递减。多年多点试验表明,高寒地区在一定积温范围内，覆膜玉米随积温增加产量递增。

（二）水分效应

玉米覆膜有保墒、提墒和稳定土壤水分的作用。覆膜后，土壤的水分阻挡在膜内，改变了土壤水分运行规律，切断了土壤水分与大气的直接交换，从而抑制了土壤水分的大量蒸发。由于膜下温度较高，土壤热度差异加大，导致深层土壤水分向土壤表层聚集，耕层含水量提高。同时，土壤蒸发的水汽凝聚在膜下与地表之间，因昼夜温差不断变化，在膜下形成一个"汽态—液态"不断蒸上滴下的水分循环，最后遇到冷气凝结成细小的水珠进入土壤，使耕层含水量不断提高。根据黑龙江省嫩江地区农业科学研究所（1991）报道，覆膜玉米比陆地玉米0～10厘米土壤含水量增加33.5％，10～20厘米增加11.0％，20～30厘米增加6.8％。1米土层每亩增加水分3.4～4.2吨。

（三）土壤效应

玉米覆膜使土壤表层避免或减缓了雨水和灌溉水的淋洗或冲刷，以及因中耕、除草等田间作业次数减少，减轻了人、畜、机械等对土壤的碾压和践踏，从而使土壤结构保持在播种时的良好状态。同时，由于膜下地温变化，膜内水汽不断发生涨缩运动，使土粒间空隙变大，疏松通气，改善了土壤的物理性状。一是土壤容重降低，空隙度增大。据河北农业大学（1987）测定，在玉米覆膜及揭膜后，土壤容重明显降低，总空隙度提高。覆膜0～10厘米土壤容重降低0.095克/立方厘米，10～20厘米降低0.091克/立方厘米；空隙度分别增加了3.64％和1.71％。

（四）养分效应

玉米覆膜改善了土壤的物理性状，促进了微生物的活动，增加了土壤可给性养分。据东北农业大学（1989）研究，覆膜玉米比陆地玉米土壤中各类微生物种群增加，细菌数量多82%～140%，放线菌数量增加70%～125%，硝化细菌增加40%～57%，自生固氮菌数量增多4%～8%。土壤微生物数量增加及其活动增强，加速矿物质营养转化为速效可给态。

二、生物学效应

玉米腹膜栽培使土壤温度提高，保水保肥能力增强，改善了土壤疏松透气性，增强了群体的光合强度，为玉米的生长发育创造了良好的条件。

（一）早出苗，出齐苗

玉米覆膜加快出苗速度，苗齐、苗全。

（二）根系发达，植株健壮

玉米覆膜改善了土壤生态环境，促进根系发育，不同生育时期的次生根层数、条数、根长度、根干重均明显高于陆地玉米，而且对根的促进效应主要是在生育前期和中期。根据河北农业大学（1987）测定，覆膜玉米幼苗期根层数和根条数比陆地玉米高1倍；玉米拔节期单株根干重多88%～98%，抽雄期多60%，成熟期多44.3%。

（三）增强群体光合作用

覆膜玉米植株生长健壮，叶片宽展，群体叶面积增加，有利于光合作用和干物质积累。据东北农业大学（1988）试验，覆膜玉米在三叶期、五叶期、拔节期，叶面积指数分别比陆地玉米多2倍、2.5倍、6.2倍，籽粒灌浆阶段叶面积指数保持在3.9。覆膜玉米叶面积消长规律表现为：前期叶面积增长快，中期稳定期长，后期衰亡较慢。由于前期叶面积增长快，使绿叶较早地覆盖地面，减少前期漏光损失。后期仍保持较大的绿叶面积，尤其在乳熟至蜡熟阶段，有利于积累更多的光合产物向籽粒中运转。例如，黑龙江省嫩江地区，覆膜玉米比陆地玉米叶面积指数增加35.5%，叶绿素含量增加19.0%，因而每亩光合势增加38.3%，净同化率增加32.9%，群体生长率增加67.1%，相对生长率增加4.9%，光能利用率提高32.9%，从而显著地促进了玉米生长发育。

（四）增加粒重，早熟高产

玉米覆膜最重要的作用在于控制热量条件满足玉米生长发育的需要，促进早熟高产。由于覆膜玉米早出苗，出苗全，壮苗早发，促进生长发育，从而把籽粒灌浆期提早在最适宜温度条件下。据东北农业大学(1988)研究，覆膜玉米比陆地玉米早出苗3～4天，抽穗早2～4天，蜡熟期早6～13天，完熟期早8天，全生育期缩短4～5天。

玉米覆膜栽培的增产机理就在于增温保墒，特别是为玉米播种和出苗创造良好的生态环境条件，攒前促后，争取积温和农时，把玉米籽粒灌浆阶段安排在适宜的气温条件下，显著增加粒重，提高产量。我国东北、西北和华北地区的春玉米覆膜栽培亩产吨粮田，千粒重一般都在350～380克。

三、覆膜技术

我国地域辽阔，气候特异，各地农民在不同的自然条件和经济条件下，因地制宜创造了多种玉米覆膜栽培形式：平作宽幅覆膜、垄作窄幅覆膜、间作套种一膜两用、撮种覆膜、垄沟聚雨覆膜、丰产坑覆膜、膜侧玉米、两段覆膜（拱棚加地膜）、覆膜育苗移栽、大垄双行覆膜栽培等。

玉米覆膜栽培田间管理全程基本上与大田栽培相同，仅在播种至揭膜阶段略有差异，形式虽然多种多样，但只要抓住铺膜和揭膜两个关键技术阶段，就能确保全苗、壮苗。

(一)精细整地

选择土层深厚、结构良好、有机质含量高的中等以上肥力地块。北方地区春季风大,土壤失墒快,在无灌溉条件的地区,要做到秋整地、秋施肥、秋起垄,早春顶凌耙地。要做到地表平整、无碎石、无大土块,清除根茬,土壤细碎、上虚下实。

(二)选用良种

玉米覆膜栽培延长了生长季节,争取了250~400℃的有效积温,应该选择比当地陆地栽培的玉米生育期长10~15天、增产潜力大的杂交种。据试验,我国从南到北每增高一个纬度,玉米生育期延长2~4天,高寒山区海拔每升高100米,气温下降0.6℃,要注意越区种植生育期长的玉米品种,特别是低纬度地区向高纬度地区引种,要经过试验示范,逐渐扩大。

(三)合理密植

玉米覆膜栽培种植密度,应该遵循"密度适宜,用膜较少,管理方便"的原则。据各地经验,通常采用大小垄种植,即大行距80厘米,小行距25厘米,用70~75厘米宽的地膜,覆盖两行玉米;大行距为100厘米,小行距为40厘米,选用90~100厘米的地膜,两边压入塑膜10厘米。宽窄行种植,有利于通风透光,发挥边行优势;每亩可保苗3800~4500株,收敛型品种还可增加密度10%~15%。

(四)选用地膜

当前生产上使用的多为聚乙烯无色透明膜,厚度为0.01~0.005毫米。选膜是为了能够保证覆膜质量,同时要考虑降低成本。

(1)农膜厚度与宽度。农膜地方厚度对增温保墒的影响不大，因此不宜选用过厚的膜，否则用膜量大，成本高；而过薄的膜又容易撕裂，不易覆盖。所以，选膜以不影响增温保墒，又能降低成本为原则。农膜的宽度直接影响增温保墒效果，随着农膜宽度的增加，增温保墒效果加强，但成本也相应增加。

（2）覆盖率与用膜量。覆盖率是指地膜面积与土地面积之比，用以下公式计算：

$$覆盖率 = \frac{膜宽}{平均行距 \times 2} = 100\%$$

农膜覆盖率大，增温保墒作用大，但投资过大，在不影响产量的情况下，采用较低的覆盖率，有利于提高经济效益。调整覆盖率：一是减小膜宽，二是加大行距。

在生产实践中真正决定用膜量的因素，主要是膜的厚度和覆盖率。

膜用量（千克/亩）＝农膜密度（克/立方厘米）×农膜厚度（毫米）×覆盖率（％）

（五）覆膜时间

适时播种覆膜主要考虑以下3个因素：一是保证覆膜玉米能够充分利用当地的热量资源，选用生育期相对较长的品种，使玉米从播种到成熟所需要积温与当地实际积温相吻合。二是玉米幼苗不至于遭受晚霜危害。覆膜玉米一般比直播玉米早出苗10～15天。三是土壤墒情能满足玉米种子发芽和幼苗生长。土壤田间持水量一般保持在60％～70％。按覆膜和播种的先后顺序，可分为先覆膜后播种或先播种后覆膜两种。这两种方法可因地制宜，但都要做到足墒下种、种肥错开、浅播薄盖，保证播种质量。

在海拔较高、低温冷害重、春雨早、土壤墒情好的地块，以先播种（或移栽）后覆膜，再打孔引苗出膜方式为好，避免先覆膜后打孔播种（或移栽）带来的操作困难，以及膜孔过大，降低保温效果。

在干旱少雨、土壤墒情差的地块,可在足墒时或抢墒整地施肥后提前覆膜,等播种时期一到,在膜面上按要求株行距,用简易打孔器打孔播种(或移栽)。

(六)田间管理

先播种后覆膜的玉米,适时揭膜放苗是重要的栽培措施。覆膜玉米从播种到出苗为10~15天,在幼苗第一片叶展开后及时破膜放苗。放苗过迟,容易封口时压住植株,或温度升高烫伤叶片。破膜放苗宜在晴天下午进行,使幼苗逐渐得到锻炼,培育壮苗。放苗方法是用小刀片或竹片将薄膜破直径1~2厘米小孔,放出幼苗,随即用细湿土沿幼苗茎基部封严间隙,防止夜晚进入冷空气,以保持膜内温度和水分。播种质量较高的地块,一次就可以完成破膜放苗的过程。在日平均气温升到25℃以上时,应该设法除去塑膜,有利于玉米生根入土和便于田间管理。玉米拔节后若有分蘖发生,要及时掰除。玉米收获后要将废旧地膜拣拾干净,减少对环境的污染。

第五节 特用玉米及其栽培技术

一、特用玉米种类

特用玉米又称专用玉米,是指玉米籽粒中某一特殊物质含量较高、或是利用玉米的不同器官、或是在特殊的采收时期用于特殊的用途,是普通玉米以外的具有特殊的营养品质或适合特种偏要的各种玉米类型。特用玉米是近代玉米科技进步的产物,与普通玉米相比,具有更高的经济价值,主要作为食品、医药、饲料、编织及化学工业的原料。

特用玉米根据其市场用途可分为:以加工利用为主的,主要有优质蛋白玉米、高油玉米、高淀粉玉米、爆裂玉米、笋玉米等；以鲜食为主的，又称果蔬玉米，如甜玉米、糯玉米等；以饲用为主的，如优质蛋白玉米、青饲玉米等。

（一）优质蛋白玉米

优质蛋白玉米（高赖氨酸玉米）是由一种叫奥帕克－2的隐性基因控制的一种胚乳突变体，其特点是赖氨酸含量较高，约为0.4%，比普通玉米高1倍以上。高赖氨酸玉米主要有软质胚乳型、半硬质胚乳型和硬质胚乳型，目前高赖氨酸玉米育种正向半硬质胚乳型和硬质胚乳型发展，其产量相当或略低于普通玉米。

（二）高油玉米

高油玉米是指籽粒中含油量比普通玉米高1倍或1倍以上的一种特殊的高附加值玉米类型。普通玉米含油量为4%～5%，而目前生产上推广的高油玉米含油量在7%～9%。含油量在10%以上的高油玉米正在示范中，不久将投入生产。高油玉米的油分85%左右集中在种胚，因而高油玉米的胚较大。高油玉米是优质的饲料玉米，因其种胚大，其脂肪含量高，饲料能量高，蛋白质和赖氨酸含量也较高。在栽培上因高油性状涉及50多个基因位点的数量性状，不必隔离种植，具有花粉直感的遗传效应和与普通玉米杂交的杂交优势效应。

（三）爆裂玉米

爆裂玉米（爆花玉米或爆炸玉米）是一种专门供做爆玉米花食用的特用玉米，膨爆系数可达25～40，爆裂玉米果穗和籽粒均较普通玉米小，结构紧实，坚硬透明，遇高温有较大的膨爆性。爆裂玉米按粒型分为米粒型和珍珠型，多为黄色或白色，也有红色、紫色、棕色，甚至花斑色。爆裂玉米的蛋白质、氨基酸、铁、钙及维生素的含量都是相当丰富的，能提供等量牛肉所含蛋白质的67%、铁质的110%和等量的钙质。

(四) 甜玉米

甜玉米为玉米属的一个甜质型玉米亚种,可分为普甜型、超甜型、加强甜型、甜脆型和甜福型。甜玉米籽粒在乳熟期含有较多的糖分,含糖量达10%~20%,为普通玉米的2~8倍;水溶性多糖为普通玉米的2.5~10倍;蛋白质含量在30%以上,还富含多种维生素和18种氨基酸,鲜嫩多汁,又称"水果玉米"。

(五) 糯玉米

糯玉米(黏玉米和蜡质玉米)籽粒不透明、无光泽,胚乳全为角质支链淀粉。糯玉米籽粒黏软清香,皮薄无渣,内容物多,富有黏糯性,比甜玉米含有更丰富的营养物质和更好的适口性,且易消化吸收,极具开发潜力。

(六) 笋玉米

笋玉米(娃娃玉米、玉米笋)是在玉米吐丝后尚未授粉时采收下来的幼嫩玉米果穗,含有丰富的营养物质,是一种低热量、高纤维、无胆固醇、具有保健作用的特种蔬菜。笋玉米的笋形有宝塔形、柱形、纺锤形和锥形。生产上应用以多穗的宝塔形或柱形为好,有的还利用笋用玉米的多穗和双穗性,在保留上位穗收甜玉米或生产籽粒的同时采收下穗称作玉米笋。

(七) 青饲玉米

青饲玉米(青储玉米)是指收割玉米鲜嫩植株,或收获乳熟初期至蜡熟期的整株玉米,或在蜡熟期先采摘果穗,然后再把青绿茎叶的植株割下,经切碎加工后直接作牲口饲料,或储藏发酵后用作牲畜饲料。青饲玉米具有较高的营养价值和单位面积产量,同时还可以生产鲜穗和采收玉米笋。根据植株特征和生物学特性,青饲玉米可分为单秆和分枝两种类型,近年引进的墨西哥玉米就是典型的分枝型青饲玉米。

(八)高直链淀粉玉米

玉米是高淀粉、高能量作物，根据不同淀粉成分含量的多少将玉米品种分为支链淀粉玉米和直链淀粉玉米。高支链淀粉玉米主要是指糯玉米，支链淀粉含量较高。高直链淀粉玉米是指玉米淀粉中直链淀粉含量在50%以上的玉米品种，而普通玉米的直链淀粉含量仅为27%左右。直链淀粉的用途很广，已发展到30多个领域。

二、糯玉米栽培技术

糯玉米又叫蜡质玉米，籽粒不透明，无光泽，煮熟后籽粒黏软，适口性好，食味香、甜、黏，是一种良好的副食品，在栽培上应注意以下几点。

(一)注意隔离，防止串粉

糯玉米与普通玉米串粉后支链淀粉减少，品质降低，因此在栽培上要与普通玉米隔离种植，一般隔离距离在300米以上，若隔离有困难，也应连片种植，尽量减少其他花粉的干扰。

(二)分期播种，适时收获

为满足市场的需要，作为鲜果穗食用的，可采用分期播种或早、中、晚熟品种配搭的办法来延长上市时间；在采收时间上，要在乳熟末期或蜡熟初期采收，这时候籽嫩皮薄，糯性好，渣少，味香甜、口感好；在种植方法上，早春覆盖地膜播种，可以提早上市。作为籽粒磨面的，一般在籽粒完全成熟后收获。

(三)及时防治病虫害

着重抓好苗期地下虫害和中后期玉米螟的防治工作，以保证产量和质量。

(四)人工辅助授粉

散粉后期采用人工辅助授粉的方法,可以提高结实率,减少秃顶,提高商品品质和亩产量。

第六节 田间调查项目及标准

田间调查项目及标准:

(1)播种期:播种当天的日期。

(2)出苗期:幼苗出土 3 厘米左右的穴数达到全区 2/3 的日期。

(3)幼苗长势:幼苗 3~4 叶时,目测幼苗长势的强弱,分强、中、弱三级记载。

(4)芽鞘颜色:展开 2 叶之前,第一叶鞘出现时的颜色,分为绿、浅紫、紫、深紫、黑紫。

(5)散粉期:小区 60% 的植株雄穗主轴上部 1/3 处散粉的日期。

(6)抽丝期:小区 60% 的植株雌穗抽花丝露出雌穗苞叶 5 厘米的日期。

(7)花丝颜色:新鲜花丝长出约 5 厘米时的颜色,分为绿、浅紫、紫、深紫、黑紫。

(8)成熟期:全小区 90% 以上果穗中部的籽粒乳线消失,籽粒基部出现黑色层,并呈现出品种固有颜色和色泽的日期。

(9)生育日数:统计从出苗期到成熟期的总日数。

(10)活动积温:统计从出苗期到成熟期≥10℃的积温。

(11)植株整齐度:开花后期目测全区植株生长的整齐程度,以整齐、中等、不整齐三级表示。

(12)株高:乳熟末期,实测 5 株有代表性植株自地表至雄穗顶端的平均高度，以"厘米"表示。

(13)穗位高：测定株高的同时，实测上述5株自地表至上部穗位着生节的平均高度，以"厘米"表示。

(14)空秆率：收获时调查全区结实低于10粒的果穗的株数百分率。

(15)倒伏性：目测记载倒伏日期、原因、程度、面积。

倒伏日期：记载倒伏当天的日期。

倒伏程度：分为五级。

● 0级：植株不到。

● 1级：植株倾斜度不超过15°。

● 2级：植株倾斜度15°～45°。

● 3级：植株倾斜度45°～85°。

● 4级：植株倾斜度85°以上。

倒伏比例：目测，以百分率表示。

(16)大斑病和灰斑病：在抽丝25天后目测整株的发病情况，分为五级。

1级：全株叶片无病斑或仅在穗下部叶片上有少量病斑，病斑面积少于总叶面积的5%。

2级：穗上部叶片有零星病斑，穗下部叶片有少量病(占总叶面积的6%～10%)。

3级：穗上部叶片下部叶片有较多病斑(占总叶面积11%～30%以上)。

4级：穗上部叶片有大量病斑，病斑连片，植株下部叶片枯死，病斑面积占叶面积的31%～70%。

5级：全株叶片病斑连片，基本枯死。

(17)丝黑穗病率：乳熟期后实测全区发病植株百分率。

(18)瘤黑粉病率：乳熟期后实测全区发病植株百分率。

(19)茎基腐病率：发病时期调查发病植株百分率。

模块三 玉米播种技术

第七节 玉米田播后苗前土壤封闭除草

一、玉米田播后苗前土壤封闭常用除草剂

玉米田播后苗前土壤封闭常用除草剂有乙草胺、精异丙甲草胺、异丙甲草胺、异丙草胺、噻吩磺隆、唑嘧磺草胺(阔草清)、嗪草酮、莠去津、2,4-D丁酯等。

(一)乙草胺

属酰胺类除草剂。玉米、大豆田防防除一年生禾本科杂草和小粒种子阔叶杂草。播前或播后苗前土壤处理,主要通过杂草幼芽吸收(单子叶植物胚芽鞘吸收;双子叶植物下胚轴吸收后向上传导,根也可少量吸收,但传导速度慢)。最好在播种后出苗前3～5天施药,拱土期施药会造成药害。用药量根据土壤类型、有机质含量适当调整,一般土质黏重、含水量低的地块应适当增加用药量。播后苗前,土壤有机质含量6%以下90%乙草胺用量1.4～1.9升/公顷;土壤有机质含量6%以上90%乙草胺用量1.9～2.5升/公顷。

(二)精异丙甲草胺

属酰胺类除草剂。可用于玉米、大豆、甜菜、烟草、西瓜、甜瓜、南瓜、马铃薯、向日葵、红小豆、绿豆、高粱、油菜(移栽田)、万寿菊、甘蓝、花椰菜、白菜、韭菜、大蒜、洋葱、辣椒(甜辣)、茄子、番茄、芹菜、胡萝卜、豆类蔬菜(子叶出土的菜豆)等作物田。播前、播后、苗前土壤喷雾,主要防除稗草、狗尾草、金狗尾草、野黍、水棘针、香薷、萹蓄、马齿苋、繁缕、藜、反枝苋、猪毛菜等一年生禾本科杂草及部分阔叶杂草。

单用：土壤有机质含量 3％以下 96％精异丙甲草胺用量沙质土 750～1200 毫升/公顷（50～80 毫升/亩）、壤质土 1050～1200 毫升/公顷、黏质土 1500 毫升/公顷；土壤有机质含量 3％以上 96％精异丙甲草胺用量沙质土 1050～2100 毫升/公顷（70～140 毫升/亩）、壤质土 1 500 毫升/公顷、黏质土 1800～2250 毫升/公顷。注意：土壤有机质含量高或土质黏重时使用上限，土壤有机质含量低或壤质土时用下限。施药时天气干旱或土壤含水量低时用上限，施药时降雨或土壤含水量高时用下限。在干旱条件下，施药后最好浅混土。施药时气温最好在 10℃以上，气温低于 10℃，精异丙甲草胺活性差，防效差。小粒种子繁殖的一年生蔬菜如苋、香菜、西芹等对精异丙甲草胺敏感，不宜使用。覆盖地膜的作物，应在覆膜以前喷药，然后盖膜，用药量应选择低量。

（三）异丙甲草胺（都尔）

异丙甲草胺属酰胺类除草剂。主要通过植物的幼芽（即单子叶植物的胚芽鞘、双子叶植物的下胚轴）吸收，并向上传导，抑制幼芽与根的生长。出苗后主要靠根吸收向上传导，抑制幼芽与根的生长。主要抑制发芽种子的蛋白质合成，其次抑制胆碱渗入磷脂，干扰卵磷脂形成。由于禾本科杂草幼芽吸收异丙甲草胺的能力比阔叶杂草强，该药防除禾本科杂草的效果远远好于阔叶杂草。

如果土壤墒情好，杂草被杀死在幼芽期；如果土壤水分少，杂草出土后随着降雨土壤湿度增加，杂草吸收药剂后，叶皱缩，后整株枯死。

异丙甲草胺主要用于玉米、大豆、马铃薯、甜菜、向日葵、西瓜、十字花科蔬菜和茄科蔬菜等作物田，播后苗前土壤喷雾处理，也可秋施药，防除稗、狗尾草、马唐、野黍、画眉草等一年生禾本科杂草及马齿苋、苋、藜等阔叶杂草。

模块三　玉米播种技术

单用：72%异丙甲草胺用药量，土壤有机质含量 3% 以下，沙质土用量 1.5 升/公顷，壤质土用量 2.1 升/公顷，黏质土用量 2.775 升/公顷；土壤有机质含量 3% 以上，沙质土用量 2.1 升/公顷，壤质土用量 2.775 升/公顷，黏质土用量 3.45 升/公顷。

异丙甲草胺是广谱性播后苗前除草剂，因此施药应在杂草发芽前进行。

(四)异丙草胺(普乐宝)

异丙草胺属酰胺类内吸传导型选择性芽前除草剂。主要通过杂草幼芽吸收，抑制蛋白酶合成，芽和根停止生长，不定根无法形成。单子叶植物通过胚芽鞘吸收，双子叶植物通过下胚轴吸收，然后向上传导。主要用于玉米、大豆、向日葵、马铃薯、甜菜及豌豆等作物防除稗草、狗尾草、马唐、牛筋草等一年生禾本科杂草以及藜、龙葵、鬼针草、反枝苋、香薷等阔叶杂草，对自生高粱、苍耳、马齿苋、问荆等有良好的抑制作用，对田旋花等杂草无效。

异丙草胺在土壤中稳定性小，对光稳定，能被土壤微生物分解。持效期 60~80 天，对后茬作物没有影响。土壤黏粒和有机质对异丙草胺有吸附作用，土壤质地对其影响大于土壤有机质。

玉米田播前或播后苗前土壤处理，最好在播种后 3 天内施药，北方也可秋施药。用药量 72% 异丙草胺(普乐宝)东北地区每亩用 133~167 毫升(有效成分 96~120 克)，黏土和土壤有机质含量高于 3% 时用上限，每亩兑水 10~30 升进行土壤喷雾处理。若天气干旱，土壤湿度小时，可浅混土，以提高除草效果。可与防阔叶草的除草剂混用，扩大杀草谱。

(五)噻吩磺隆

噻吩磺隆属磺酰脲类内吸传导型、选择性苗后除草剂，是乙酰乳酸合酶(ALS)的抑制剂,可被杂草的叶、根吸收,在体内迅速传导,通过抑制植物的乙酰乳酸合酶,阻止支链氨基酸的生物合成,从而抑制细胞分裂,使杂草停止生长而逐渐死亡(在药后2~4周死亡)。在土壤中分解迅速,施药30天后对下茬作物无影响。

用于大豆、玉米、杂豆等作物田,主要防除藜、苋、马齿苋、酸模叶蓼、鼬瓣花、荞麦蔓、苣荬菜、刺儿菜、野西瓜苗、地肤等一年生及多年生阔叶杂草。大豆、玉米播后苗前土壤处理,或玉米苗后茎叶喷雾处理,用药量75%干悬浮剂15~30克/公顷,兑水450~750升。土壤有机质含量高,土壤黏重,用高药量。与乙草胺等封闭药剂混用,可扩大杀草谱;干旱条件下,施药后,用中耕机培土2厘米,并及时整压。

(六)唑嘧磺草胺

唑嘧磺草胺(阔草清)是第一个商品化的磺酰脲类除草剂。大豆、玉米、小麦、苜蓿、三叶草等作物田防除各种阔叶杂草。内吸传导型除草剂,根和叶片吸收,木质部和韧皮部传导,在植物分生组织内积累,蛋白质合成受阻,使植物停止生长最后死亡。

大豆、玉米播前或播后苗前均可使用,用药量80%水分散粒剂48~60克/公顷。也可与其他除草剂混用进行秋季施药。玉米田最好播后随即施药,一般3天内施完。

长残留除草剂,药后第二年可种植大豆、玉米、小麦、大麦、水稻、高粱、马铃薯等作物,不能种植甜菜、油菜、亚麻、向日葵、西瓜、南瓜、番茄、辣椒、茄子、洋葱、白菜、胡萝卜、黄瓜等。

(七)嗪草酮

嗪草酮为三氮苯酮类选择性内吸型除草剂,主要防除多种

模块三 玉米播种技术

一年生阔叶杂草及部分禾本科杂草,对多年生杂草无效。用药量750~1200克/公顷(50~80克/亩)。主要被杂草根部吸收,随蒸腾流向上传导,也可被叶吸收在体内进行有限传导。用药后不影响杂草萌发,但出苗后的杂草叶片褪绿,最后因营养枯竭而死。注意:土壤有机质含量2%以下、土壤pH 7以上、沙质土、地势不平、整地质量差、低洼地不能使用,否则药剂淋溶会造成药害。在低温、雨水大的年份也易产生药害,主要表现为叶片褪绿、皱缩、变黄、坏死。

(八)莠去津

莠去津属三氮苯类内吸选择性苗前、苗后除草剂。可于芽前土壤处理,也可芽后茎叶处理,以根吸收为主,茎叶也可吸收(很少)。通过根部吸收后向上传导,抑制植物的光合作用。杀草谱较广,可防除多种一年生禾本科和阔叶杂草。易被雨水淋洗至土壤较深层,对某些深根杂草亦有效,但易产生药害,持效期也较长。适用于玉米、高粱、甘蔗、果树、苗圃、林地等旱作物田,可防除多种一年生禾本科和阔叶杂草,杀草谱较广,主要作用于双子叶植物,侧重封闭,对大草效果不理想。尤其对玉米有较好的选择性(因玉米体内有解毒机制)。

注意:莠去津持效期长,对后茬敏感作物小麦、大豆、水稻等有药害。可通过减少用药量,与其他除草剂混用解决。每公顷有效成分用量超过2000克,下茬只能种植玉米、高粱。下茬需间隔24个月才能种植菜豆、豌豆、番茄、洋葱、辣椒、茄子、白菜、萝卜、胡萝卜、卷心菜、甘蓝、黄瓜、南瓜、西瓜、油菜、马铃薯、向日葵、甜菜、亚麻、苜蓿、水稻、小麦、大豆、谷子、花生、甘薯、棉花等。

(九)2,4-D丁酯

2,4-D丁酯属激素型选择性除草剂,有较强的内吸传导性，在低浓度下（<0.01%）能抑制植物正常生长发育，出现畸形，直至死亡。

2,4-D丁酯主要用于玉米、小麦、高粱、大麦、青稞等禾本科作物田及禾本科牧草地，进行苗后茎叶处理，防除藜、反枝苋、马齿苋、播娘蒿、蓼、荠菜、繁缕、堇草、问荆、苦荬菜、刺儿菜、苍耳、田旋花等阔叶杂草，对禾本科杂草无效，对禾谷类作物安全。玉米播种后出苗前，72%的2,4-D丁酯乳油用量0.75～1.5升/公顷，防除已出土杂草。

注意：2,4-D丁酯对棉花、大豆、油菜、向日葵、瓜类等双子叶作物敏感，喷药时防止飘移到敏感作物上造成药害。喷过2,4-D丁酯的喷雾器最好专用，否则一定要彻底清洗干净，以免出现药害。2,4-D丁酯不能与酸碱接触，以免分解失效。

二、玉米田播后苗前土壤封闭常用混配配方

90%乙草胺1.7～1.95升/公顷+2,4-D丁酯0.8～1.0升/公顷。

90%乙草胺1400～2200毫升/公顷+70%嗪草酮400～800克/公顷。

乙草胺+70%嗪草酮400～500克/公顷+2,4-D丁酯乙草胺+莠去津2～2.5升/公顷。

乙草胺+莠去津+2,4-D丁酯。

乙草胺+噻吩磺隆20～30克/公顷。

96%精异丙甲草胺0.8～2.1升/公顷+75%噻吩横隆20～30克/公顷 96%精异丙甲草胺0.8～2.1升/公顷+80%阔草清48～60克/公顷 96%精异丙甲草胺1～1.8升/公顷+70%嗪草酮400～800克/公顷 72%异丙草胺2.7～3.75升/公顷+莠去津2～2.5升/公顷 72%异丙草胺1.5～3.50升/公顷+80%阔草清48～60克/公顷 90%乙草胺1.5升/公顷+2,4-D丁酯0.35升/公顷+莠去津2.25升/公顷。

模块四 苗期生产管理

玉米苗期是指播种至拔节的一段时间，是以生根、分化茎叶为主的营养生长阶段。本阶段的生育特点是，根系发育比较快，至拔节期已基本上形成了强大的根系，但地上部茎叶生长比较缓慢。为此，田间管理的中心任务，就是促进根系生长、发育，使玉米个体分布均匀，减少缺苗，培育壮苗，达到苗早、苗足、苗齐、苗壮要求，为玉米丰产打好基础。黑龙江省春季温度低，并伴随着干旱，直接影响玉米根系的生长，使地上部发苗缓慢，起身晚。根据黑龙江省春季低温、干旱特点，采取增温、保水措施，促进玉米出苗、快发根，叶片甩开，早期占领空间，有效地截获5～6月份充足的光能，提早进行光合作用，产生足够的干物质，为壮苗奠定物质基础。

第一节 玉米的根系

一、根的种类

玉米根系和其他禾谷类作物一样，是须根系，由胚根和节根组成。

(一)胚根

胚根(初生胚根、种子根)是在种子胚胎发育时形成的，大约在受精10天后由胚柄分化而成。胚根只有一条，在种子萌动发芽时，首先突破胚根鞘而伸出。胚根伸出后，迅速生长，垂直深入土壤深处,可长达20~40厘米。

在胚根伸出1~3天后,在中胚轴基部、盾片(内子叶)节的上面长出3~7条幼根(次生胚根),这层根实际上为玉米的第一层节根。但是由于这层根生理功能与胚根相似,故在栽培学上将这层根与胚根一起合称为初生根,而不把它计算为第一层节根。初生根陆续生出许多侧根和根毛,因而共同形成密集的初生根系。初生根系的作用,主要是在幼苗刚出土的最初2~3周内,负担吸收与供应幼苗所必需的养分和水分。当节根系形成以后,初生根系的生理活动能力就逐渐减弱,这时幼苗生长所需要的养分和水分,就主要依靠节根系吸收供应。用示踪原子法研究表明,玉米开花期节根吸收磷的能力比初生根多3倍,但也证明,初生根系的生命活动一直保持到植株生命的后期。

(二)节根

着生在茎的节间居间分生组织基部。生在地下茎节上的称为地下节根(次生根);生在地上茎节上的称为地上节根(气生根、支持根、支柱根)。节根在植物学上称为不定根。

当玉米幼苗长出2~3片叶时,在着生第一片完全叶的节间基部开始发生第一层(按其顺序为第二层)节根。这一层根,由于发生在靠近胚芽鞘节上,又有人称它为胚芽鞘根。在胚芽鞘节与盾片节之间的节间为中胚轴,在栽培上称为根茎或地中茎。在种子发芽时,中胚轴伸长,推动幼芽出土;当它伸到地表下一定距离时停止伸长。播种浅时,中胚轴变短;播种深时,中胚轴变长,这种自动调节作用,可使节根位置处于较适宜的土层中。

第一层节根的数目,大多数是4条,也有5~6条的,一直向下延伸。以后,随着茎节的形成及加粗,节根即不断发生。节根的出现是按照向顶的次序进行的,即在下部的根形成之后，上层才能依次产生新根，它们在茎节上呈现一层一层轮生的节根根系。节根层数依品种及水、肥、密等条件而异，一般为6~9层，多者可达10层。地下节根4~7层，地上节根约2~3层或更多些（亦有没有的）。节根条数，地面以下的自下而上逐层增加，地面以上的又有逐层减少的趋势，其总根数约在50~120条。根的长度是自下而上逐层减少，根的粗度是自下而上逐层增加的，最上层又有逐层减少的趋势。根层间距离自下而上逐渐加长。入土情况，地上节根开始在空气中生长而后入土，它入土浅，入土角度陡，形如支柱，故有气生根和支柱根之称。地下节根入土深，最初呈水平分布，向四周伸长，而后垂直向下。

地上节根比地下节根粗壮坚韧，具有色素，表皮角质化，厚壁组织特别发达，入土前在根尖端常分泌黏液，入土后才产生分枝和根毛，起到吸收根的作用。

节根是玉米的主体根系，分枝多，根毛密。一株玉米根的总长度可达1~2千米，这就使植株在耕作层中构成了一个强大而密集的节根根系。

二、根的生理功能和特点

玉米根系具有吸收营养、水分、支持植株和合成的作用。

吸收矿物质营养和水分是通过根毛来进行的。据测定，着生在根尖部分的玉米根毛，每平方厘米有42500条。由于根毛发达，玉米根的吸收面积增加了5.5倍左右。根毛细胞汁液具有很高的渗透压，所以玉米的根具有很强的吸收能力。

被玉米根系吸收的无机盐，一部分通过导管输送到植株各部分，另一部分就在根部合成复杂的有机物质。这一过程是光合作用产生的糖转移到根系后与从土壤中吸收的 P_2O_5 和 CO_2 起作用形成各种有机酸。

有机酸与进入根部的 NH_4^+、NO_3^- 结合形成氨基酸,这些氨基酸随水分运输到植株的各部分。据研究,在玉米抽雄期,地下节根和支持根中氨基酸的含量大大超过同时期叶中的含量10～15倍,而且氨基酸的种类也多。根中富有组氨酸、天门冬酰胺、天门冬氨酸、丝氨酸、甘氨酸、谷氨酸、苏氨酸、丙氨酸、脯氨酸、亮氨酸。而支持根(气生根)中则除了含有以上10种氨基酸外,还有许多未知名的氨基酸,如天门冬酰胺、谷氨酸、苏氨酸、脯氨酸等数量特别多,比普通根中多20～25倍。

玉米根系的特点不仅在于节根发达,支持根作用显著,而且能产生较高的渗透压力。据测定,玉米的根毛细胞汁液渗透压为 $(16～27)×10^5$ Pa,黑麦、小麦、燕麦为 $(5～8)×10^5$ Pa,大麦则为 $(7～16)×10^5$ Pa。这也是玉米吸收水分及矿物营养的能力超过其他禾谷类作物的原因。

三、根的生长与其他器官的关系

玉米根系的生长和地上部分的生长是相适应的关系。根系生长较好,能保证地上部各器官也相应地繁茂茁壮;地上部生长良好又能为根系发育获得充分的有机养分,根系也相应比较发达。因此,地下部分与地上部生长的相互关系是玉米有机体内平衡协调的关系。据统计,玉米根干重与产量呈正相关,相关系数 r=0.993。

玉米在不同生育时期其根干物重的增长以及与地上部的比例关系是不同的。据河北农业大学对春播3个不同品种的测定,三叶期单株根干物重为0.03～0.06克,三叶期至拔节期前的苗期阶段,根干物重为0.16～0.93克,拔节时期为1.55～2.02克,孕穗期为6.38～19.5克,抽雄开花期为10.60～34.60克,开花至籽粒形成为10.90～28.56克。可以

模块四 苗期生产管理

看出玉米根干物重的绝对量是由小到大逐渐增加的,到抽雄开花期达到了最高峰。再从地下部/地上部的增长比值来看,三叶期为 0.43~0.71,三叶期至拔节期前为 0.34~0.88,拔节时期为 0.59~0.79,孕穗期为 0.18~0.25,抽雄开花期为 0.13~0.34,开花至籽粒形成期为 0.18~0.27。由上可以看出,3 个品种地下部与地上部的增长比值,均以苗期及拔节时期表现最大。如从地上部与地下部生长强度来看,自三叶期至拔节期地下部比地上部增长速度快 10%~50%。由此可以充分说明,拔节前是以根系形成为中心,而后逐步转移和过渡到以茎叶生长为主的时期,拔节期成为两者生长的分界线与转折点。因此,在田间管理上拔节前的苗期阶段应该是积极促进地下部而适当控制地上部,达到根多、株壮而不徒长的苗期长相。在生育中后期,应促使茎叶与根系的稳健生长,达到均衡发展。

玉米根系的重量占全株总重量比例,一般密度为 22.6%,密植为 17.2%。

玉米根系在土壤中的分布范围与条件关系密切。0~20 厘米土层中的玉米根量约占总根量的 60%,0~30 厘米土层中约占总根量的 80%,0~50 厘米的土层中约占总根量的 90%。入土深度最深可达 2 米以上,一般约 1 米,分布范围,最大直径可达 2 米以上,一般约在 1 米,但其主要根群集中在离茎秆周围的 15~20 厘米范围内。一般来说,旱地玉米根系分布浅,停止生长早;水浇地玉米根系分布深,停止发育晚。据观察,旱地玉米根系深入土中仅达 50~60 厘米,在抽雄穗后即停止生长,水浇地根系深入土中可达 90~100 厘米,抽雄穗前根的生长量占根量的 50%~60%,抽雄到蜡熟前占总根量的 40%左右。所以,后期浇水能延长根系活动时间,有利于正常成熟防止早衰。

四、影响根系生长的因素

(一)温度

玉米根系生长的最适地温为 24~25℃，低于 10℃ 生长缓慢，降至 4~5℃ 时，则完全停止生长，高于 40℃ 时对根的生长有明显的抑制作用。所以，地温在 10℃ 以上时才能播种，播种过早，地温低，根系代谢活动弱，吸收能力差，植株营养不足，光合作用不能正常进行，植株生长缓慢瘦弱。在苗期进行中耕，可以提高地温，促进根系生长。

(二)水分

水分对根系生长影响甚大，土壤水分适宜，根系生长迅速。土壤水分过多，空气缺乏，不利根系生长，尤其是苗期更为明显；土壤干旱，根系生长缓慢。

(三)养分

土壤养分的含量直接影响着根系的生长。土壤肥沃，根系发达；土壤瘠薄，根系生长不良。另外，玉米根系具有向肥性，分层施肥能满足不同生育时期对养分的需要，促进根系下扎，增加根系干重，扩大吸收面积有重要作用。

(四)氧气

根的生长除需要一定的水分和养分外，还需要充足的氧气。因此，在疏松的土壤中根系的生长比在紧实的土壤中迅速，中耕松土是促进根系生长的重要措施。

第二节 玉米的育苗移栽技术

玉米育苗移栽技术是获得玉米高产的有效途径之一，其特点是把玉米田间栽培作业的主要过程，包括播种、出苗、选苗及幼苗管理等,提前到保护地里提前进行,由此改变了玉米传统的栽培方式,为获得玉米高产创造了条件。

一、玉米育苗移栽的高产生理基础

玉米育苗移栽可以有效地延长玉米的生育期。因此,我们选择生育期比当地品种长15~20天的品种进行育苗移栽,以获高产。由于育苗棚内温度、水分适宜,出苗快,生长发育迅速,育苗移栽玉米在7月中旬以前,生育进程提前,但7月中旬以后,育苗移栽与直播玉米生育进程基本同步。

玉米通过育苗,提早播种,增加积温,早生,快发,前期光合面积迅速增大。玉米最适叶面积指数在3~4,而育苗移栽的玉米叶面积指数在7月20日左右即可达到3,比直播玉米提早10天。根据中国科学院海伦生态实验站研究,玉米育苗移栽可以延长生育期10~15天,并能加速生育进程;可以促使玉米叶面积合理消长,即前期增长快,后期下降缓慢。全生育期光合势增加23%;育苗移栽建立起高产的群体光合系统,使全生育期的光合生产率达到11.4克/(平方米·天),比直播9.3克/(平方米·天)增长22.6%。

二、玉米育苗移栽技术

(一)品种的选择

玉米育苗移栽是利用中晚熟品种,通过育苗的方法,增加积温,发挥中晚熟品种的增产特征,提高玉米的产量和品质。显然,当地原来的主栽品种不能适应育苗移栽的要求。应选择比当地品种生育期长10~15天,叶片数多2~3片叶,所需积温比当地品种多250~300℃的高产、抗病、优质的品种。

(二)苗床的准备

选择地势平坦、背风向阳、排灌方便、土质肥沃、运输方便的地块育苗。苗床两侧做好排水沟,防止积水涝苗。中棚或大棚育苗的,应该在秋季选好床址,打上木桩,为春季育苗做准备。苗床长5~7米,宽1.5~2米。适当增大苗床面积,可提高早春抗低温霜冻的能力。苗床底部可铺上细沙或炉灰,便于起苗。

床土的质地要适宜。床土过于黏重,影响根系的生长;过于疏松,起苗时又容易使营养块散落。床土还要肥力适度,过于贫瘠,幼苗营养不良,出现弱苗;氮肥过多,容易导致幼苗徒长。目前,黑龙江省床土配制比例大体有两种。有草炭资源的地方,可按照沃土50%,草炭20%,腐熟有机肥30%的比例配制;没有草炭资源的地方,可按沃土60%或40%,腐熟有机肥40%或60%的比例配制。同时,每50千克床土再加入磷酸二铵250克和锌肥50克稀释后拌入。

(三)育苗方法

育苗阶段的主要目标是培育出适龄、整齐的壮苗,它是决定育苗移栽质量的重要因素。在育苗过程中,除了考虑秧苗生长的自身特点外,还必须考虑到机械化移栽的各种要求。目前,我国主要采取以下几种育苗方式。

1. 苗床育苗,裸苗移栽

选择土质肥沃疏松的地块作苗床,秧苗育成后起苗,不带土移栽。这种方式省时省力,运输量减少。但移栽后缓苗较慢,移栽时需要及时灌溉。

2. 苗床育苗,带土移栽

苗床秧苗育成后,将营养土连同秧苗一起切块铲起,带土移栽,这种方式可以提高成活率。但移栽时,根块土壤容易脱落,形成裸根,影响成活率,而且切块不规则,难以采用机械移栽。

3. 营养钵育苗

将营养土制钵育苗,这种育苗方式的特点是,秧苗健壮,带钵移栽,为秧苗的生长创造了良好的条件,移栽后缓苗快,成活率高。但是,这种育苗方式需要大量的营养土,并需要制作钵体。在移栽时由于钵体体积较大,移栽机容纳数量有限,因此钵苗的运输量较大。

4. 盘育苗

盘育苗最大的特点是可以进行机械化和立体化育苗,减少育苗时间和空间,易于控制秧苗的生长。但是,由于穴盘底部的根系相互交错,分苗困难,容易损伤秧苗。为解决这一问题,吉林工业大学研究了空气整根技术,但尚未达到实用阶段。

5. 营养液钵盘育苗

营养液育苗移栽投资少,增产增收效果显著。营养液育苗可以及时补充幼苗生长所需养分,可以延长育苗时间,争得较多的积温。在25天左右的育苗期可以育出3.5~4.0叶龄的壮大幼苗,增强了在玉米幼苗生长过程中人为的可控制能力。该方法有3个突出特点:第一,解决了育苗面积小与培育壮苗的矛盾,降低了育苗成本;第二,解决了平盘育苗根系相互盘结取苗伤根的问题,从而提高了移栽成活率;第三,为工厂化育苗,机械化移栽创造了条件。

(四)苗床管理

1. 温度的管理

温度管理是指采取响应的措施,调节控制苗床温度,使之适宜玉米苗期生长发育的要求。一般以25~28℃为宜,最高不能超过38℃。通常玉米育苗的温度管理分为出苗前管理,出苗后管理和移栽前管理3个阶段。

第一阶段，出苗前棚膜要封闭，以增温为主，但最高温度不应超过38℃。只要积温达到128℃左右，玉米种子就很快发芽出土。这段时间的温度一般不用做特殊管理。第二阶段，出苗后棚内温度随环境气温的升高而升高，可上升到35℃。这时就要严格控制棚内温度，一般应控制在25℃为宜。控制温度的办法就是将棚的一端或两端接缝，进行空气对流，通风降温。随着温度的变化，15:00~16:00时再把两端压严。晚间气温过低，达到零下3~4℃时，还要加盖草帘等进行防寒。第三阶段，移栽前5~7天，气温可升高到25℃以上，棚内温度更高，有时达到38~40℃。这段时间棚内温度的调节：前2~3天内，早8时左右把棚膜全部打开，17:00时左右再把棚膜盖好压严；后3~4天内，晚间也不用盖膜，使玉米逐渐适应外界环境条件，以增强其适应能力。

2. 水分的管理

在育苗过程中，土壤水分、棚内湿度与温度是决定能否培育壮苗的关键。棚内温度高，土壤湿度大，就容易造成幼苗徒长，长势弱，移栽后成活率低。所以，水分管理的关键是如何控制水分。一般来说，前期土壤含水量以50%~70%为宜；中后期以30%~40%为宜。具体做法是，播种同时把水浇透，土壤含水量可达80%，以后基本就不用再浇水。特别是在起苗前的5~6天，要严格控制水分，进行蹲苗、炼苗。移栽前一天下午要浇一遍透水，农民称之为"送嫁水"，使秧苗吸足水，加快移栽后的缓苗速度。

3. 炼苗

炼苗是培育壮苗，缩短缓苗时间，提高产量不可缺少的措施。炼苗内容有两个方面：一是把温度调节到较适宜的温度，或偏低一点,降低土壤水分,使苗缓慢生长,称之为蹲苗。二是把苗床内地小气候条件逐渐改变,使之逐渐接近棚外气候。这段过程的主要目的是提高秧苗的素质,增强秧苗的适应性和抗逆能力。一般在育苗的第三阶段,温度控制在 20~25℃,土壤含水量在 30% 左右为宜。最后把棚膜揭去,昼夜炼苗。但应该密切注意天气预报,遇到零下低温仍需采取防寒措施。

(五)育苗日期和移栽时间的确定

寒地育苗移栽的关键问题是育苗日期和移栽时间的确定。育苗过早,迟迟不移栽,苗龄长。在棚内徒长,难以控制,移栽到田间成活率低;移栽过早,易遭终霜危害,有绝产的可能。育苗过晚,虽然温度适宜,但土壤返浆期已过,土壤水分下降,移栽时若不浇水则缓苗困难。研究表明,玉米育苗移栽播种期,如黑龙江省第一积温带以 4 月 15 日左右,第二积温带以 4 月 20 日左右,第三积温带以 4 月 25 日左右,第四积温带以 4 月 30 日左右为宜。移栽时间以苗龄三叶一心为佳,最晚不超过四叶一心。移栽日期以终霜结束 2 天后及时移栽,以免土壤水分不足,降低成活率。

(六)移栽后的田间管理

秧苗移栽大田后,在良好的栽培条件下,一般没有缓苗期或缓苗期很短。移栽后需要加强田间管理。

1. 施足"安家肥"

移栽时每亩开沟施用尿素 10~15 千克,有机肥 0.5~1.0 吨,对缓苗和后期增产有明显作用,如果配合施用过磷酸钙 30 千克,效果更好。

2. 及时松土

移栽后 1 周之内及时松土,有利于尽早提高地温,促进次生根系发育的作用。

玉米高产栽培与病虫害防治新技术

第三节 苗期的田间管理

一、查田补种、补苗

玉米在播种出苗过程中,常由于种子发芽率低,施种肥不当"烧苗",或因漏播、种子芽干或落干、坷垃压苗,以及地下害虫为害等原因,造成玉米缺苗。玉米出苗的快慢,在适宜的土壤水分和通气良好的情况下,主要受温度的影响较大。据研究,一般在10～12℃时,播种后18～20天出苗;在15～18℃,8～10天出苗;在20℃时5～6天就可以出苗。所以,玉米播种后及时进行查田补种。出苗前及时检查发芽情况,如发现粉种、烂芽,要准备好补种用种或预备苗;出苗后如缺苗,要利用预备苗或田间多余苗及时坐水补栽。一般不提倡补种,补种的效果不如补栽,补栽不如留双株。采取补种或坐水移栽的方式补救,以保证种植密度。

补种,将种子在温水中浸泡5～6小时,取出后装袋,置于温暖的地方用稻草覆盖好,早晚用温水浇淋,待种子萌动后,在缺苗处开穴浇水补种。

补栽的苗2～3叶为宜,补栽时最好是在下午或阴天带土移栽,以利缓苗,提高成活率。移栽时,必须带土团,若土壤含水量低于20%时应坐水移栽。玉米缺苗不很严重时,可采用借苗法,在"四邻"进行双株留苗。

二、间苗和定苗

要根据品种、地力、肥水条件和栽培管理水平,确定合理的密植范围,先间苗后定苗,以保证每公顷密度。

适时进行间苗、定苗,可以避免幼苗拥挤,相互遮光,节

模块四 苗期生产管理

省土壤养分和水分,以利培育壮苗。间苗、定苗时间,一般以3~4片叶进行为宜。由于玉米在三叶期前后,正处于"断奶"期,要求有良好的光照条件,以制造较多的营养物质,供幼苗生长。苗过于拥挤,争水争肥,导致减产。

间苗、定苗时留壮苗,拔掉病苗、弱苗、杂苗。幼苗期丰产长相是:叶片宽大,根深、叶色浓绿,茎基发扁,生长敦实,可作为留苗依据。在春旱严重、虫害较重的地区,间苗可适当晚些。对于补栽苗和三类苗的地块,及早追施"偏肥",促其幼苗升级,使其长势尽早赶上一类苗。

不论气吸式还是气吹式精量播种机,均能实现精量播种。但受种子发芽率的制约,目前只能采取一种妥协方式——半精量播种,以保全苗,所以仍需间苗。

定苗时根据品种特性和要求留足适宜的苗数,同时要去弱留壮,去小留大,去病留健,去混杂苗,留足颜色、长势一致的健壮苗。定苗应在晴天下午进行。由于病苗、虫咬苗以及生长不良的苗,经中午日晒后易发生萎蔫,便于识别淘汰,故可留苗大小一致、株距均匀,茎基扁壮的苗。定苗后还要结合中耕除草,破除土壤板结,促进根系发育,达到壮苗早发的目的。

三、深松或铲前趟一犁

深松或铲前趟一犁是促熟增产措施,能达到提高地温、消杂灭草、促进幼苗早发速生。原垄种地块,地板硬,不利于玉米根系发育,深松或铲前趟一犁可疏松土壤,利于玉米根系发育,增加根重。根据试验表明,深松可平均提高地温1.0~1.5℃,有利于土壤微生物的活动,促进土壤有机质分解,增加土壤养分;干旱时还可以切断土壤毛细管,减少水分蒸发,起防旱保墒作用。涝年、涝区也会起到散墒防涝作用。在做法上做到"一个重点，四个结合"，即以原垄种或翻的浅的地块为重点。四个结合：一是出苗前深松和出苗后深松相结合，垄型一致时，可出苗前松，精量点播无垄型或平作地块，为防止豁苗可出苗后深松，深度为25～30厘米；二是雨前深松和雨后深松相结合。平、洼地块墒情好，可以雨前松，岗地干旱地块，可以雨后松；三是铲前松与铲后松相结合，缓解机械和畜力紧张状态；四是畜力和机械相结合，由于垄距、播法不一致，采取多种深松方法相结合，真正做到适地适松，取得较好效果。

四、中耕与蹲苗促壮

中耕是玉米田间管理的一项重要工作。中耕的作用在于疏松土壤，流通空气，破除板结，提高地温，消灭杂草及病虫害，减少水分养分的消耗，促进土壤微生物活动，满足玉米生长发育的要求。玉米田要做到早中耕、深中耕、多中耕，苗期中耕，一般可进行2～3次。深度10～12厘米，要避免压苗、埋苗。第二次中耕，结合进行根际追肥，数量与种肥相当（追施尿素5千克/亩、控释尿素3千克/亩），施于苗侧5～8厘米，深度5～8厘米，覆土严密，浅培土形成垄型。第三次中耕，最后一次中耕，同时进行封垄，培大垄，垄高20～25厘米。

蹲苗是根据苗期生长发育的特点，以促进根系发育为主要目的，使根系下扎深，分布广，增强抗旱抗倒伏能力。其措施主要有中耕松土，控制水分。蹲苗的玉米叶片中叶绿素含量高，保水力强，对玉米植株增强抗旱、耐旱能力，具有一定作用。

蹲苗要根据当时的苗情、土壤水分、肥力等情况区别对待。蹲苗应从出苗开始到拔节前结束。蹲苗应遵循"蹲晚不蹲早，蹲黑不蹲黄、蹲肥不蹲瘦、蹲湿不蹲干"的原则，即当苗色深绿,长势旺,地力肥,墒情好时应进行蹲苗;地力瘦,幼苗生长不良,不宜蹲苗;一般沙性重,保水、保肥性差,盐碱重的地不宜蹲苗。

五、玉米苗期灌水

玉米幼苗期的需水特点是,植株矮小,生长缓慢,叶面积小,蒸腾量不大,耗水量较少。春玉米幼苗期生育天数占全生育期30%,需水量占总耗水量的19%。这一阶段降水量与需水量基本持平,加上底墒完全可以满足幼苗对水分的要求。因此,苗期控制土壤墒情进行"蹲苗"抗旱锻炼,可以促进根系向纵深发展,扩大肥水的吸收范围,不但能使幼苗生长健壮,而且增强玉米生育中、后期植株的抗旱、抗倒伏能力。所以,苗期除了底墒不足而需要及时浇水外,在一般情况下,土壤水分以保持田间持水量的60%左右为宜。

六、追肥的施用

玉米是需肥较多和吸肥较集中的作物,出苗后单靠基肥和种肥,还不能满足拔节孕穗和生育后期的需要。

苗肥是指从出苗至拔节前追施的肥料。这一时期处于雄穗生长锥未伸长期。凡是套种或抢茬播种没有施底肥的玉米,定苗后要抓紧追足有机肥料。追施有机肥料,既发苗又稳长。对弱苗必须实行"单株管理",给三类苗追施"促苗肥",可用"打肥水针"的办法,或用稀人粪尿偏攻弱苗,使它们能迅速生长,赶上一般植株高度,才能保证大面积上株株整齐健壮,平衡增产。

第四节 玉米苗期主要病虫草防治

玉米苗期主要进行杂草防除,若除草不及时,就会出现杂草生长过旺而影响玉米的正常生长,甚至严重影响玉米的产量。玉米苗期杂草防除主要有播后苗前土壤封闭和苗后茎叶处理。

玉米苗期害虫主要有地下害虫、斑须蝽、玉米蚜等。目前生产上防治苗期地下害虫的方法主要是进行种子包衣,斑须蝽防治方法可用锐胜(噻虫嗪)包衣。或在低龄若虫盛发期喷药防治,药剂以内吸剂为主,或配触杀性药剂。玉米蚜防治方法主要采用拌种、浸种或种子包衣,也可进行颗粒剂撒施、涂茎、喷雾或药液灌心等。

玉米苗期病害主要有玉米丝黑穗病、玉米粗缩病、玉米顶腐病。玉米丝黑穗病、防治措施包括秋季深翻,种植抗病品种,及时拔除病幼苗、病株,施腐熟有机肥,减少初侵染菌源;与大豆、小麦、谷子合理轮作3~4年。进行种子包衣是目前生产上主要的防治措施。选用抗病、耐病品种是预防玉米粗缩病的关键措施之一。目前生产上抗病品种较少,但品种间抗性有差异,可因地制宜选择使用。消灭传毒介体灰飞虱是防病最有效的方法之一。用内吸性杀虫剂或种衣剂进行拌种或包衣,可有效防治苗期灰飞虱,减少病害传播蔓延的机会,如用35%呋喃丹、70%吡虫啉、咯菌腈+精甲霜灵100毫升+噻虫嗪等进行种子包衣。也可用10%吡虫啉、40%氧化乐果、50%抗蚜威、3%啶虫脒等喷雾防治灰飞虱。发病初期,可喷洒20%病毒A、1.5%植病灵、5%菌毒清、2%菌克毒克等病毒抑制剂减轻发病。玉米顶腐病通过种植抗病品种,改进栽培管理,合理轮作,提高土壤墒情,减少菌源,兼顾防治其他禾谷类作物上该病的侵染为害，减少互相传播。也可用25％三唑酮可湿性粉剂按种子重量0.2％拌种；或用10％腈菌唑可湿性粉剂150~180克拌100千克种子。

第五节 玉米看苗诊断施肥技术

玉米是需肥较多的作物，正确掌握玉米所需要的养分种类和数量，及时施用适量所需养分，才能获得高产。现将看苗诊断施肥技术介绍如下。

一、氮缺乏症

玉米对氮的需要量比其他元素都多。早期缺氮时幼苗呈浅黄色，可采用侧施肥，也可根外追肥，喷施1％~1.5％尿素液。当玉米长到膝盖高时，对氮肥需求迅速增加，此时容易缺氮，首先是下部老叶从叶尖开始变黄，然后沿叶脉伸展，叶边缘仍绿色，最后整个叶片变黄干枯，最终引起植株的早衰和小穗、籽粒不饱满，追施尿素10~20千克即可消除或减轻。

二、磷缺乏症

植株很小时易出现，早期症状是叶片呈紫红色，生长缓慢，根系不发达，中后期表现为茎秆细弱，果穗不育或瘦小、扭曲。可在缺磷的土壤上增施磷肥作基肥和种肥，也可及时叶面喷施磷酸二氢钾溶液。

三、钾缺乏症

初期表现为下部叶片边缘开始变黄、褐色，逐渐向叶片中脉移动，然后向植株上部叶片移动，叶边缘及叶尖干枯呈灼烧状；另一个缺钾症状为茎节内侧变为深褐色。严重缺钾时，生长停滞，节间缩短，果穗发育不良或出现秃尖，容易倒伏。可多施农家肥、含钾化肥，也可叶面喷磷酸二氢钾溶液来改善。

四、其他营养缺乏

硫缺乏症表现为上部叶片浅绿，生长速度缓慢，一般发生在沙土地和有机质含量低的土壤。缺镁症表现为玉米下部叶脉白条状，叶缘紫红色。缺铜时上部叶片干枯、扭曲。缺锌嫩叶出现与中脉平行的萎黄条线、节间缩短、植株矮化，缺锌可叶片喷施浓度为 0.05%～0.1% 的硫酸锌。

第六节 苗期病虫害草识别与防治

一、苗期病害识别与防治

(一) 玉米丝黑穗病

玉米丝黑穗病俗称乌米，世界各玉米产区分布普遍，是我国春玉米产区的重要病害，尤其以东北、华北、西北和南方冷凉山区的连作玉米田发病重，发病率 2%～8%，严重地块可达 60%～70%，因发病率即为损失率，所以常造成严重产量损失。

1. 症状

玉米丝黑穗病是苗期侵入的系统性侵染病害。一般穗期出现典型症状，玉米抽雄后症状最明显、最典型。病果穗较短小，基部膨大而顶端小，不吐花丝，除苞叶外整个果穗变成一个黑粉苞，苞叶通常不易破裂，黑粉不外漏，常黏结成块，不易飞散，内部夹杂丝状的寄主维管束组织。后期有些苞叶破裂，散出黑粉（冬孢子），并使丝状的寄主维管束组织显露出来,所以称为丝黑穗病。雄穗受害,一般仅个别小穗变成黑粉苞,多数仍保持原来的穗形,花器变形,不能形成雄蕊,颖片长、大而多,呈多叶状。也有以主梗为基础膨大形成黑粉苞,外面包被白膜,膜破裂后散出黑粉,黑粉也常黏结成块,不易分散。

有些杂交种或自交系在6~7叶期开始出现症状,如病苗矮化,叶片密集,叶色浓绿,节间缩短,株形弯曲,第五片叶以上开始出现与叶脉平行的黄条斑等(见图4-1)。

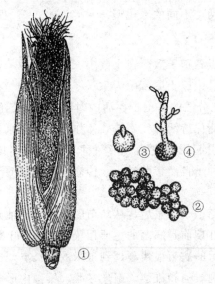

图 4-1　玉米丝黑穗病
①病果穗　②冬孢子堆　③冬孢子萌发　④冬孢子萌发产生的担子及担孢子(高等教育出版社《作物病虫害防治》)

2. 病原

病原为丝轴黑粉菌,属担子菌亚门轴黑粉菌属。冬孢子球形或近球形,表面有细刺,黄褐色至黑褐色。冬孢子间混杂有球形或近球形的不育细胞,表面光滑近无色。成熟前冬孢子常集合成孢子球,外面被菌丝组成的薄膜所包围,成熟的冬孢子分散后遇适宜条件萌发产生有隔的担子(先菌丝),侧生担孢子,担孢子上还可以芽殖方式反复产生次生担孢子。担孢子椭圆形,单孢,无色。

冬孢子在低于17℃或高于32.5℃时不能萌发,偏碱性环境也抑制冬孢子萌发。

病菌有明显的生理分化现象,一般能侵染高粱的丝黑粉菌虽能侵染玉米,但侵染力很低,侵染玉米的丝黑粉菌不能侵染高粱,这是两个不同的专化型。

3. 发病规律

病原菌以冬孢子散落在土壤中、黏附于种子表面或混入粪肥中越冬,其中以土壤带菌为主。冬孢子在土壤中能存活2~3年,结块比分散的冬孢子存活的时间更长。冬孢子通过牲畜消化道后仍能保持活力,病株残体作为沤肥的原料时,若粪肥未腐熟也可引起田间发病。带菌种子是远距离传播的重要途径,但由于种子自然带菌量小,传病作用明显低于土壤和粪肥带菌。

越冬的冬孢子萌发后,从幼苗的芽鞘、胚轴或幼根侵入寄主。玉米3叶期前是病菌的主要侵染时期,7叶期后病菌不再侵染,侵入后的病菌很快蔓延到玉米的生长点,造成系统性侵染,并蔓延到雌穗和雄穗,菌丝在雌、雄穗内形成大量的黑粉(冬孢子),玉米收获时黑粉落入土壤中或黏附在种子上越冬。病菌没有再侵染,且病菌的苗期侵染时间可长达50天。

玉米不同品种的抗病性差异明显,抗病品种很少发病。连作因土壤带菌量大,发病重,使用带有病残体的未腐熟有机肥,种子带菌且未经消毒,病株残体未妥善处理即直接还田等都会使土壤菌量增加,发病重。播种过深、种子生活力过弱时发病重;土壤湿度大时,种子发芽出土快,可减少病菌侵染的机会，发病轻。在土壤含水量20%条件下发病率最高。

4. 种子处理

剂拌种或种衣剂进行种子包衣是生产上常用的方法。因病菌的苗期侵染时间长达50余天，以最好选用内吸性、长效的杀菌剂处理种子，才能达到预期的防治效果。每100千克种子可用35%多克福种衣剂1500～2000毫升，或40%卫福400～500毫升，或2%立克秀(戊唑醇)湿拌种衣剂400～600毫升，或5%穗迪安(烯唑醇)超微粉种衣剂400克加水1～1.5升等。也可选用12.5%速保利(烯唑醇)可湿性粉剂200～400克，或40%卫福(萎锈灵)悬浮种衣剂400～500毫升加水0.6～0.7升，或50%多菌灵250～350克，或50%萎锈灵250～350克，或5.5%浸种灵Ⅱ号1克等拌种100千克。注意用5.5%浸种灵Ⅱ号药剂拌种后，不可闷种或储藏后播种，否则易发生药害。

5. 种植抗病品种

种植抗病品种是防治丝黑穗病的根本措施，由于丝黑穗病与大斑病的发生和流行区一致，最好选用兼抗这两种病害的品种。较抗病的品种有中单18、四单12、辽单18、丹玉13、吉单101、丹玉96、吉东16号、吉农大115等。

6. 合理轮作

一般实行1～3年的轮作，可有效减轻丝黑穗病的发生和危害，也是防治最有效的措施之一。

7. 栽培措施

不从病区调运种子，播前要晒种，选籽粒饱满、发芽势强、发芽率高的种子。施用腐熟有机肥，切忌将病株散放或喂养牲畜、垫圈等。调整播期，要求播种时气温稳定在12℃以上再播种。育苗移栽的要选不带菌的地块或经土壤处理后再育苗，最好在玉米苗3～4片叶以后再移栽定植大田，可有效避免丝黑穗病菌的侵染。应及时拔除田间病株,并带到田外集中处理,可减少土壤中的菌源积累。整地保墒,提高播种质量等一切有利于种子快发芽、快出土、快生长的因素都能减少病菌侵染的机会,减轻病害的发生。

(二)玉米粗缩病

玉米粗缩病又称"坐坡"、"万年青",在玉米整个生育期均可发病,4叶前最易感病,5~6叶显现症状,9~10叶矮化明显。病株叶色浓绿,节间缩短,矮化,基本上不能抽穗,发病率几乎等于损失率,危害严重。

1. 症状

玉米整个生育期都可发病,苗期受害最重。玉米出苗后即可感病,5~6叶期开始表现症状,初期在心叶的中脉两侧的细脉间产生断断续续的虚线状透明、褪绿小斑点,后变成细线条状并扩展至全叶,叶背面主脉和侧脉上、叶鞘及苞叶的叶脉上出现长短不等的白色蜡状突起(脉突),用手触摸有明显的粗糙不平感。病株叶片宽而肥厚,浓绿、僵直,基部短粗,节间缩短,植株矮化,顶叶簇生状如君子兰。轻病株雄穗发育不良,散粉少,雌穗小,花丝少,结实少;重病株严重矮化,高度仅有正常植株的1/2或更矮,根系发育不良,短而少,多数不能抽穗。发病晚或病轻的,仅雌穗以上的叶片变浓绿,顶部节间缩短,雄穗基本不能抽出,即使抽出也无花粉,雌穗籽粒减少或畸形不能结实。有些病株嫩叶卷曲呈弓形或牛尾巴状,心叶有缺刻,喇叭口朝向一侧或叶缘甚至全叶变红。

2. 发病规律

玉米粗缩病是由玉米粗缩病毒侵染引起。玉米粗缩病毒主要由灰飞虱传播,为持久性传毒。病毒主要在冬小麦、多年生禾本科杂草和传毒介体体内越冬。第二年春季,灰飞虱先在越冬寄主上取食带毒，当玉米出苗后，便陆续向玉米迁飞，并取食传毒引起玉米发病。玉米生长后期，病毒再由灰飞虱携带向晚秋禾本科作物杂草传播，秋季再传向小麦或直接在多年生杂草上越冬。

粗缩病的发生发展与品种抗病性、毒源多少及介体昆虫灰飞虱的数量和灰飞虱在田间的活动关系密切。种植感病品种，发病重。田间管理粗放，杂草丛生，靠近树林、蔬菜的玉米田发病重。玉米出苗至7叶期是发对该病的敏感生育期，若此期高温干旱，利于介体灰飞虱活动传毒，发病重。

3. 防治措施

选用抗病、耐病品种是预防玉米粗缩病的关键措施之一。目前生产上抗病品种较少，但品种间抗性有差异，可因地制宜选择使用。注意品种合理布局，避免单一抗源品种大面积种植。调整播期，适期播种，使玉米易感病时期避开灰飞虱传毒高峰期。播种前深耕灭茬，彻底清除地头、田边杂草，及时拔除病株，减少毒源。

消灭传毒介体灰飞虱是防病最有效的方法之一。用内吸性杀虫剂或种衣剂进行拌种或包衣，可有效防治苗期灰飞虱，减少病害传播蔓延的机会。每100千克种子用35%呋喃丹种衣剂1.5～2.0升，或70%吡虫啉种衣剂600毫升进行包衣；或每100千克种子也可用10%吡虫啉125～150克，或咯菌腈＋精甲霜灵100毫升＋噻虫嗪100毫升拌种。也可在玉米出苗前和出苗后各喷洒一次杀虫剂，药剂可选用10%吡虫啉150克/公顷、40%氧化乐果乳油2000～3000倍液、50%抗蚜威可湿性粉剂2000～3000倍液、3%啶虫脒乳油225毫升/公顷等。

发病初期，可喷洒20%病毒A可湿性粉剂、1.5%植病灵乳油、5%菌毒清、2%菌克毒克等病毒抑制剂，每隔6～7天喷一次，连喷2～3次，可减轻发病。

(三)玉米顶腐病

玉米顶腐病是近年来黑龙江省玉米生产中的一种新病害,此病于1993年在澳大利亚首次报道,1998年在我国的辽宁阜新地区首次发现,其后在山东、吉林、黑龙江、新疆等省(自治区)相继发生。2002年,该病在我国东北春玉米区普遍发生和流行,许多地块因此造成毁种。一般发病率7%左右,重病田高达31%。

1. 症状

玉米苗期到成株期均可受害,症状表现不同。

苗期发病:植株表现不同程度矮化;叶片失绿、畸形、皱缩或扭曲;边缘组织呈现黄化条纹和刀削状缺刻,叶尖枯死,重病苗枯萎或死亡。轻者自下部3~4叶以上叶片的基部腐烂,边缘黄化,沿主脉一侧或两侧形成黄化条纹;叶基部腐烂仅存主脉,中上部完整呈蒲扇状;以后生出的新叶顶端腐烂,导致叶片短小或残缺不全,边缘常出现刀削状缺刻,缺刻边缘黄白或褐色。

成株期发病:植株矮小,顶部叶片短小,组织残缺不全或皱缩扭曲;雌穗小,多不结实;茎基部节间短,常有似虫蛀孔道状开裂,纵切面可见褐变;根系不发达,根毛少,根冠腐烂褐变。湿度大时,病部出现粉白色霉状物。

2. 病原

病原为半知菌亚门、镰刀菌属的亚黏团镰刀菌。

病菌气生菌丝绒毛状至粉末状;小型分生孢子长卵形或纺锤形,多无隔,聚集成假头状黏孢子团;大型分生孢子镰刀形,较直,顶胞渐尖,足胞较明显,2~6个分隔,其中3个分隔居多,未见厚垣孢子。

病原菌菌丝生长温度为5~40℃,适温为25~30℃,最适为 28℃。分生孢子萌发温度为 10～35℃，适温为 25～30℃，低于 5℃和高于 40℃不能萌发。

在人工接菌条件下，病原菌能侵染玉米、高粱、苏丹草、哥伦布草、谷子、小麦、水稻、燕麦、珍珠粟等多种禾本科作物以及狗尾草、马唐等杂草。

高温高湿利于病害的流行，应立即进行防治。

3. 发病规律

病原菌主要以菌丝体在土壤、病残体和带菌种子中越冬，种子带菌还可远距离传播，使发病区域不断扩大。玉米植株地上部分均能被侵染发病。

顶腐病具有某些系统侵染的特征，病株产生的病原菌分生孢子可以随着风雨传播，进行再侵染。

低洼地块、土壤黏重地块发病较重，水田改旱田的，发病更重；山坡地、高岗地发病较轻。品种间发病有明显差异，许多高产品种感病，自交系 K12 发病尤其严重。

4. 防治措施

应多种植抗病品种。

种子处理：用 25％三唑酮可湿性粉剂按种子重量 0.2％拌种；10％腈菌唑可湿性粉剂 150～180 克拌 100 千克种子。

改进栽培管理，合理轮作，提高土壤墒情，减少菌源，兼顾防治其他禾谷类作物上该病的侵染为害，减少互相传播。

二、苗期虫害识别与防治

（一）蛴螬类

1. 蛴螬类的形态

蛴螬是鞘翅目、金龟甲科幼虫的总称，为地下害虫中种类最多、分布最广、为害重要的一个类群。金龟甲总科全世界已记载有 2 万余种,我国已有 1072 种,其中为害农、林、牧草的蛴螬 100 余种。在东北地区发生的蛴螬主要种类有:东北大黑鳃金龟、华北大黑鳃金龟、暗黑鳃金龟、黄褐丽金龟、铜绿丽金龟等。

下面以东北大黑鳃金龟为例,说明蛴螬类的形态。

东北大黑鳃金龟在国外主要分布于蒙古、俄罗斯远东地区、朝鲜和日本。国内除西藏尚未报道外,各省(区)均有,主要分布于东北三省,是东北旱粮耕作区的重要地下害虫。东北大黑鳃金龟的幼虫为害豆科、禾本科、薯类、麻类、甜菜等大田作物和蔬菜、果树苗木等达 31 科 78 种。取食萌发的种子,咬断幼苗的根、茎,轻则缺苗断垄,重则毁种绝收。蛴螬为害幼苗的根、茎,断口整齐平截,易于识别。许多种类的成虫还喜食作物和果树、林木的叶片、嫩芽、花蕾等造成严重损失。

(1)成虫:体长 16~22 毫米、宽 8~11 毫米,黑色或黑褐色,具有光泽。触角 10 节,鳃片部 3 节呈黄褐或赤褐色。前胸背板的宽度不及其长度的 2 倍,两侧缘呈弧状外扩。小盾片近于半圆形。鞘翅呈长椭圆形,其长度为前胸背板宽度的 2 倍,鞘翅黑色或黑褐色具有光泽,每侧有 4 条明显的纵肋。肩疣突位于第二纵肋(由里向外数)基部的外方,鞘翅汇合处缝肋显著。前足胫节外齿 3 个,内方有距 1 根,中、后足胫节末端具端距 2 根。臀节外露,雄性臀板较短,顶端中间凹陷较明显,呈股沟形,前臀节腹板中间具明显的三角形凹坑;雌性臀板较长,顶端中间虽具股沟但不明显,前臀节腹板中间无三角形凹坑,而具一横向的枣红色梭形的隆起骨片(见图 4-2)。

(2)卵:产下初期呈长椭圆形,白色稍带黄绿色光泽,平均长 2.5 毫米、宽 1.5 毫米。卵发育到后期呈圆球形,洁白而有光泽,平均长 2.7 毫米、宽 2.2 毫米。孵化前能清楚地看到在卵壳内的一端,有 1 对略呈三角形的棕色上颚。

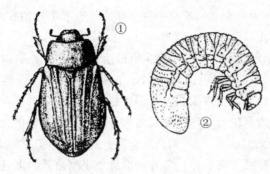

图 4-2 东北大黑鳃金龟
①成虫 ②幼虫

(3)幼虫：老熟幼虫体长 35~45 毫米，头宽 4.9~5.3 毫米、头长 3.4~3.6 毫米。全体多皱褶，静止时体呈马蹄形。头部黄褐色，胸腹部乳白色，头部前顶刚毛每侧各 3 根，排成 1 纵列，其中 2 根彼此紧挨，位于额顶水平线以上的冠缝两侧，另一根则位于近额缝的中部。内唇端感区具感区刺 14~21 根，圆形感觉器 10~12 个，其中较大的为 6 个。前侧褶区发达，折面粗大明显。肛门孔呈三射裂缝状。肛腹片后部复毛区散生钩状刚毛，无刺毛裂。

(4)蛹：蛹为离蛹，体长 21~24 毫米、宽 11~12 毫米。化蛹后初期为白色，以后逐渐变深至红褐色。头部小，向下稍弯。腹部末端具有 1 对尾刺。

2. 蛴螬类的生活史及习性

下面以东北大黑鳃金龟为例说明蛴螬类的生活史及习性。

东北大黑鳃金龟在黑龙江省大多是两年完成一个世代。越冬的成虫 5 月下旬始见，6 月上、中旬为出土活动盛期，7 月上、中旬为产卵盛期。1 龄幼虫期平均 29.2 天，2 龄幼虫期平均 29.6 天，一般 8 月底至 9 月下旬进入 3 龄并越冬。越冬幼虫第二年 6 月中、下旬是为害盛期。7 月中、下旬化蛹，蛹期平均21.5天，羽化的成虫当年不出土，直到翌年的5月下旬，才开始出土活动。

成虫昼伏夜出。日落后开始出土，21时出土取食、进入交配高峰，22时以后活动减弱，午夜以后相继入土潜伏。成虫有假死性，性诱现象明显，趋光性不强。成虫对食物有选择性，喜食大豆子叶、洋蹄草及榆树叶等。成虫可多次交配，分批产卵，交配后10～25天开始产卵，每雌产卵量平均102粒。初孵幼虫先将卵壳吃掉，并开始取食土中腐殖质，以后取食各种作物、苗木、杂草的地下部分，3龄幼虫食量最大，一头3龄幼虫10天内可连续咬死玉米幼苗80余株。幼虫具假死性，常沿垄向移动。

3. 大黑鳃金龟的发生与环境的关系

（1）植被与虫口密度的关系。非耕地的虫口密度明显高于耕地，因为非耕地（稀生小树的地头荒坡、果园荒埂、地头等）的土壤保水性好，空气充足，且有机质丰富，很适宜广大黑鳃金龟成虫产卵、孵化和幼虫发育生长。

在耕地中，作物的前茬种类对蛴螬的发生密度关系密切。通常前茬是大豆的地块，会引起蛴螬的严重为害，因为东北大黑鳃金龟成虫喜食大豆叶，大豆田便成了成虫取食、交配、产卵和幼虫滋生的场所。在东北，当成虫产卵时，大豆田的枝叶茂密，田间覆盖度最好，土壤含水量也最充沛，为卵的孵化和幼虫生长发育提供了比较理想的环境条件。

（2）地势、土质与虫口密度的关系。背风向阳地虫量高于迎风背阳地，坡岗地虫量高于平地虫量，淤泥土的虫量高于壤土、沙土，而沙土中发生较少。这是因为大黑鳃金龟的卵和幼虫生长发育的适宜表土层含水量是10%～20%，而以15%～18%最为适宜，土壤含水量过大或者过少对蛴螬生长发育均不利。7月上、中旬是大黑鳃金龟在黑龙江省的产卵盛期，此时黑龙江已进入雨季,平川地、洼地土壤含水量过大,向阳坡岗地不仅土壤含水量适宜而且土温较高,有利于卵的胚胎发育和幼虫生长发育,这就构成了阳坡岗地虫量呈明显大于平川地、洼地的局面。

(3)幼虫的垂直活动与土壤温湿度的关系。蛴螬长期生活于土中,常因土壤温湿度的变化而作垂直和水平的移动。一年中蛴螬活动适宜土温平均在 $13\sim18℃$,超过 $23℃$ 时即逐渐下移,秋季土温降至 $9℃$ 时,则明显地往土壤深处移动,至 $5℃$ 以下就完全越冬。明春土温达 $5℃$ 时,又开始活动。

土温的作用还受土壤湿度的影响,通常 10 厘米深处土温为 $14\sim22℃$,含水量 $10\%\sim20\%$,有利于蛴螬的发育。如在适宜含水量以外,也向较深土层移动。

(4)成虫活动与气象条件的关系。成虫出土适宜温度是日平均气温为 $12.4\sim18℃$,10 厘米土层日平均地温为 $14\sim22℃$。大气日平均气温低于 $12℃$,10 厘米土层日平均地温低于 $13℃$,成虫基本不出土。成虫出土尚受风雨干扰,以傍晚降雨或风雨交加影响最大,在成虫发生期,已经出土的成虫,当遇到不利的天气条件后,成虫重新入土潜伏,待天气好转后再出土活动。因此当风雨或低温过后,天气转为风和日暖,常出现成虫出土盛期。

(5)成虫产卵量与饲料的关系。以成虫喜食的鲜嫩作物喂饲,成虫取食产卵量也多,有的个体产卵高达 200 粒。若食用杨、柳叶等成虫不喜食的饲料,则取食少,产卵量也少,一般为几粒或几十粒。

(6)天敌与虫口密度的关系。蛴螬的天敌种类很多,已知病原微生物有白僵菌、绿僵菌、乳状菌及昆虫病原线虫等,寄生性天敌昆虫有土蜂、寄生蝇等。这些天敌对蛴螬的发生具有一定的抑制作用。

4. 蛴螬类的防治

目前,化学防治在地下害虫的综合防治措施中占主导地位。防治方法以种子处理为主,辅之以药液灌根、土壤处理、毒饵诱杀等方法。

(1)农业防治。秋季深耕细耙,经机械杀伤和风冻、天敌取食等作用,有效减少土壤中各种地下害虫的越冬虫口基数。春耕耙耢,可消灭上升表土层的蛴螬、蝼蛄、金针虫等,从而减轻为害。不施未腐熟肥料,能有效减少蝼蛄、金龟甲等产卵。此外,合理轮作,及时耕耙,中耕除草,适时灌水等也可减轻病虫害的发生。

(2)毒土。50%辛硫磷乳油1.5千克/公顷加水7.5千克加细土300千克制成毒土,撒于种苗穴中。

(3)药液灌根。用50%辛硫磷乳油3~3.75千克/公顷加水6000~7500千克配成药液,直接浇灌根部。

(4)毒饵防治。用2.5%美曲膦酯(敌百虫)粉剂30~45千克/公顷加干粪撒施地面。

(5)灯光诱杀。成虫有趋光性,利用黑光灯,可诱杀大量成虫。

(6)人工捕杀。春、秋季翻耕时人工捡除蛴螬;清晨在被害株周围逐株检查,人工捕捉蛴螬;成虫多有假死性,也可人工捕杀。

(7)药剂防治。成虫为害树叶,可在成虫初发生期,对虫口密度大的果园树盘喷施2.5%美曲膦酯(敌百虫)粉,浅锄拌匀,可杀死出土成虫;也可用80%敌敌畏乳油1000~1500倍液加20%氰戊菊酯乳油2000倍液喷雾防治成虫。

(8)种子包衣。用含有杀虫剂(克百威、噻虫嗪、吡虫啉)的种衣剂进行种子包衣,如多克福。

(二)金针虫类

金针虫是鞘翅目叩甲科幼虫的总称,是重要的地下害虫,世界各地均有分布。叩甲科全世界已知约8000种,我国记载的有600~700种,为害农作物的金针虫有数十种,从南到北分布广、为害严重的有细胸金针虫、宽背金针虫、沟金针虫等,在黑龙江还有铜光金针虫、兴安金针虫和四纹金针虫等。

金针虫的食性很杂,其成虫叩头虫在地上部分活动的时间不长,只能吃一些禾谷类和豆类等作物的绿叶,而幼虫长期生活于土壤中,主要为害禾谷类、薯类、豆类、甜菜、棉花及各种蔬菜和林木幼苗等。幼虫能咬食刚播下的种子,食害胚乳使不能发芽,如已出苗可为害须根、主根或茎根,使幼苗枯死。受害幼苗很少主根被咬断,被害部不整齐。能蛀入块茎和块根,并有利于病原菌的侵入而引起腐烂。

1. 金针虫类的形态

1)细胸金针虫

(1)成虫。体长8~9毫米,宽约2.5毫米。体细长暗褐色,略具光泽,密被灰色茸毛。触角红褐色,第二节球形。前胸背板略呈长形,长大于宽。鞘翅长约为胸部的2倍,上有9条纵列刻点,足赤褐色。

(2)卵。乳白色,圆形,直径0.5~1毫米。

(3)幼虫。老熟幼虫体长约23毫米,宽约1.3毫米,呈细长圆筒形,淡黄色有光泽。腹部尾节圆锥形,末端不分叉,背面近前缘两侧各有一褐色圆斑,并有4条褐色纵纹。

(4)蛹。体长8~9毫米,纺锤形,蛹初化乳白色,后变黄色,羽化前复眼黑色,口器淡褐色,翅芽灰黑色。

2)宽背金针虫

(1)成虫。体粗短宽厚,雌虫长10.5~13.1毫米,雄虫长

9.2～12毫米，宽约4毫米，头上有粗大点刻，颜面并不很向内陷入，触角短，端部不达前胸背板基部，从第四节起略呈锯齿状，第三节比第二节长2倍。前胸背板横宽，侧缘具有翻卷的边饰，向前呈圆形变狭，有密而大的刻点。后角向后延伸，有明显的脊状突起。鞘翅宽，适度凸出，端部有宽的卷边。全体黑色，前胸和鞘翅有时带青铜色或蓝色，触角暗褐色，足棕褐色见（见图4-3）。

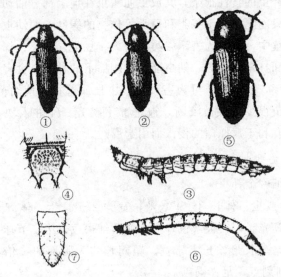

图4-3　沟金针虫和细胸金针虫

①雄成虫　②雌成虫　③④幼虫及末节细胸金针虫

⑤成虫　⑥幼虫　⑦幼虫末节

(2)幼虫。体宽扁，老熟幼虫体长为20～22毫米。腹部背片不显著凸出，有光泽，隐约可见背纵线。腹片扁平，胸部第九节端部变窄，其背片面扁平，略鼓出，具圆角，其两侧有明显的龙骨状缘，每侧有3个齿状结节，面上有2条向后渐靠近的纵沟。第九节末端的缺口深、呈横卵形，开口约为宽径之半。左右的两个叉突相当大,每一叉突的内枝向内上方弯曲,外枝如钩状向上,在分枝的下方有2个大的结节,一个在外枝和内枝的基部,一个在内枝的中部。体棕褐色。

3)沟金针虫

(1)成虫。雌虫体长14~18毫米,宽3~5毫米,体形较扁;触角11节,黑色、锯齿形,长约为前胸的2倍;前胸发达,背面为半球形隆起,密布刻点,中央有微细纵沟;鞘翅长约前胸的4倍,其上的纵沟不明显,密生小点刻,后翅退化。雄虫体长14~18毫米,宽约3.5毫米,体形较细长;身体浓栗褐色,密被黄色细毛,头扁、头顶有三角形凹陷,密布明显点刻;触角12节,丝状、长达鞘翅末端,鞘翅长约前胸的5倍,其上纵沟明显,有后翅。

(2)幼虫。末龄幼虫体长20~30毫米,金黄色,体宽而扁平,呈金黄色。体节宽大于长,从头部至第九腹节渐宽;由胸背至第十腹节,背面中央有一条细纵沟。尾节背面有略近圆形之凹陷,并密布较粗刻点;两侧缘隆起,具有3对锯齿状突起,尾端分叉,并稍向上弯曲,各叉内侧均有一小齿。

2. 金针虫类的生活史及习性

1)细胸金针虫

在黑龙江省约3年完成一代,以幼虫或成虫在土中越冬,深度可达35~60厘米,最深可达90厘米。春季土壤化冻后,越冬幼虫上升到表土活动为害,在小麦2~3片叶时即常发现被害麦苗。幼虫活动适温是10℃,土温7~11℃,当土温超过17℃时,即逐渐下移,为害减轻。秋季土温下降后又为害一段时间,然后转移到土壤深层越冬。幼虫期长达两年多,老熟幼虫于7~9月在土中7~10厘米深处化蛹,10~20天后羽化为成虫,即在蛹室内越冬,第二年5月中、下旬才出土活动。成虫昼伏夜出,喜食小麦,其次为陆稻、玉米、高粱,并取食大豆的嫩叶，但为害轻，不易被人注意。成虫有趋向腐烂禾本科杂草的习性，可利用这种趋性采用草把诱捕。

2）宽背金针虫

在黑龙江省哈尔滨一带，成虫5月份开始出现，一直可延续到6～7月，成虫出现后不久即交配产卵。越冬幼虫于4月末到5月初开始上升活动，5月下旬到6月初田间可见幼虫，春小麦收割后翻地时常见很多幼虫化蛹。成虫白天活跃，常能飞翔，有趋糖蜜习性。需4～5年一代。

3）沟金针虫

约需3年完成一代，在华北地区，越冬成虫于3月上旬开始活动，4月上旬为活动盛期。成虫白天潜伏在麦田或草丛中，夜出活动交配。雌虫不能飞翔，行动迟缓，没有趋光性。雄虫飞翔力较强，夜晚多在麦田上。3月下旬到6月上旬为产卵期，卵产在3～7厘米深土中。卵经35～42天孵化为幼虫，为害作物。幼虫直至第三年8～9月在土中化蛹，深度为13～20厘米，蛹期约20天，9月初开始羽化为成虫，当年不出土而越冬。

3. 金针虫类的发生与环境的关系

1）土壤温度

土温能影响金针虫在土中的垂直移动和为害时期。一般10厘米处土温达6℃时，幼虫和成虫开始活动。细胸金针虫适宜于较低温度，早春活动较早，秋后也能抵抗一定的低温，所以为害期较长。在黑龙江5月下旬10厘米处土温7.8～12.9℃时是幼虫为害盛期。幼虫不耐高温，当土温超过17℃时，则向深层移动。

2）土壤湿度

细胸金针虫不耐干旱，土壤湿度一般为20%～25%，锥尾金针虫属的幼虫都适于较潮湿土壤。湖滨和低洼地区洪水过后，受害特重。短期浸水对该虫反而有利。

宽背金针虫如遇过于干旱的土壤，也不能长期忍耐，但能在较旱的土壤中存活较久，此种特性使该种能分布于开放广阔的草原地带。在干旱时往往以增加对植物的取食量来补充水分的不足，为害常更突出。

3）耕作栽培制度

精耕细作地区发生较轻，耕作有直接的机械损伤，也能将土中虫体翻至土表，增加死亡率。间作、套作犁耕次数较少，为害往往加重。土地长期不翻耕，对金针虫造成有利条件。在未经开垦的荒地，饲料充足，又无犁耕影响，适于金针虫的繁殖。接近荒地或新开垦的土地，虫口就多，开垦年限越长，虫口有渐少的趋势。

4. 金针虫类的防治

1）农业防治

春、秋耕翻、整地，可压低越冬虫源，中耕除草可机械杀死部分蛹和初羽化成虫，搞好田间清洁和增施腐熟的有机肥料可减轻危害。防止用未腐熟的草粪等以防诱来成虫。

2）诱杀成虫

对以细胸金针虫危害为主的地区，在成虫大量产卵前（4~5月），利用春锄杂草堆于田间，诱杀成虫。

3）施毒土或药剂灌根

每公顷用50%辛硫磷乳油或80%敌敌畏乳油200毫升，拌细土25~30千克，顺垄条施或穴施。或每公顷用以上药剂100~150毫升加水100~200毫升浇灌作物根部。

4）种子包衣

种子包衣参考蛴螬。

（三）蝼蛄类

蝼蛄属直翅目蝼蛄科，是重要的地下害虫，危害多种农作物,全世界约 40 种,我国记载有 6 种,为害严重的主要有 2 种,即东方蝼蛄和华北蝼蛄。东方蝼蛄是世界性害虫,在我国的分布是蝼蛄中最为普遍的,从南到北均有为害,黑龙江省的蝼蛄也以此种为主。华北蝼蛄分布于长江以北各省,直至新疆、内蒙古和黑龙江。

蝼蛄的食性很杂,包括各种粮食作物、薯类、棉、麻、甜菜、烟草、各种蔬菜以及果树、林木的种子和幼苗。蝼蛄以成虫和若虫在土中咬食刚播下的种子,特别是刚发芽的种子,也咬食幼根和嫩茎,造成缺苗断垄。

1. 蝼蛄类的形态

1)东方蝼蛄

(1)成虫。体较细瘦短小,体长 30~35 毫米,体色较深呈灰褐色。全身密生细毛。少圆锥形,触角丝状。前胸背板从背面看呈卵圆形,中央具有一个凹陷明显的暗红色长心脏形坑斑,长 4~5 毫米。前翅能覆盖腹部的 1/2,后翅超过腹部末端。后足胫节背面内侧有刺 3~4 个(见图 4-4)。

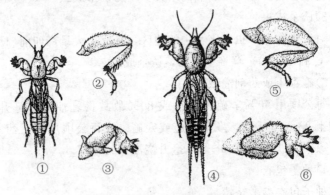

图 4-4 东方蝼蛄和华北蝼蛄

东方蝼蛄:①成虫 ②后足 ③前足;华北蝼蛄:④成虫 ⑤后足 ⑥前足

(2)卵。椭圆形,初产时乳白色,长 1.6~2.9 毫米,宽 1.0~1.6 毫米。以后变灰黄或黄褐色,孵化前呈暗揭色或暗紫色,长 3.0~4.0 毫米,宽 1.8~2.0 毫米。

(3)若虫。初孵化的若虫,头胸特别细,腹部很肥大,行动迟缓;全身乳白色,腹部漆红或棕色,半天以后,从腹部到头、胸、足开始逐渐变成浅灰褐色。2 龄或 3 龄以后,若虫体色接近成虫。初龄幼虫体长 4 毫米左右;末龄幼虫体长 24~28 毫米。若虫共 9 龄。

2)华北蝼蛄

(1)成虫。体躯较东方蝼蛄为粗壮肥大,体长 39~50 毫米。体色深于东方蝼蛄,呈黑褐色,腹部颜色则显得更浅些,全身密布细毛。前胸背板特别发达呈盾形,中央具一个凹陷不明显的暗红色心脏形坑斑。前翅鳞片状,黄褐色,覆盖住腹部不到 1/3。后足胫节背面内侧有刺 1 个或消失。腹部末端近筒形(见图 4-4)。

(2)卵。比东方蝼蛄卵小,初产时长 1.6~1.8 毫米,宽 0.9~1.3 毫米,以后逐渐肥大。孵化前 2.0~2.8 毫米,宽 1.5~1.7 毫米。卵色较浅,初产时乳白色或黄白色,有光泽,以后变黄褐色,孵化前呈暗灰色。

(3)若虫。若虫共分 13 龄。初孵化的若虫,头、胸特别细,腹部很肥大,行动迟缓。全身乳白色,孵化半小时后,腹部颜色由乳白变浅黄,再变土黄,蜕一次皮后,变为浅黄褐色,以后每蜕一次皮,颜色就加深一些。5~6 龄以后与成虫体色基本相似。末龄若虫体长 36~40 毫米。

2. 蝼蛄类的生活史及习性

1)蝼蛄的生活史

蝼蛄类生活史一般较长,1~3 年才能完成一代,均以成、若虫在土中越冬。

2)东方蝼蛄

在我国南方1年完成一代。华北、东北及西北约需2年才能完成一代,越冬成虫5月份开始产卵,盛期为6~7月,卵经15~28天孵化,当年若虫发育至4~7龄,深入土中越冬,第二年春季恢复活动,为害至8月份开始羽化为成虫。当年羽化的成虫少数可产卵,大部分越冬后,至第三年才产卵。成虫寿命达8~12个月。

3)华北蝼蛄

各地均是3年左右完成一代。在华北,越冬成虫6月上、中旬开始产卵,7月初孵化。孵化若虫到秋季达8~9龄,深入土中越冬;第二年春季越冬若虫恢复活动继续为害,秋季以12~13龄若虫越冬;直至第三年8月份以后若虫陆续羽化为成虫。新羽化成虫当年不交配,为害一段时间后即进入越冬状态,至第四年5月份才交配产卵。成虫寿命平均378天。

4)活动规律

昼伏夜出,21:00~23:00时为活动取食高峰。

5)产卵习性

对产卵地点有严格地选择性。东方蝼蛄喜欢潮湿,多集中在沿河两岸、池塘和沟渠附近产卵。华北蝼蛄多在轻盐碱地内缺苗断垄、无植被覆盖的干燥向阳地、地埂畦堰附近或路边、渠边和松软的油渍状土壤里产卵,而禾苗茂密、郁蔽之处产卵少。

6)群集性

初孵若虫均有群集性。华北蝼蛄若虫3龄后才分散为害;东方蝼蛄初孵若虫3~6天后分散为害。

7)趋性

蝼蛄昼伏夜出,具有强烈的趋光性。利用黑光灯,特别是在无月光的夜晚,可诱到大量成虫。蝼蛄有趋化性,对香、甜等类物质的趋性很强,特别嗜食煮至半熟的谷子、棉籽、炒香的豆饼、麦麸等,因此可制毒饵来进行诱杀。此外,蝼蛄对马粪、有机肥等未腐熟的有机物有趋性,可利用粪肥诱杀。蝼蛄还有趋湿性,喜栖息于河边渠旁,菜园地及轻度盐碱地;适当的降水后常出现蝼蛄活动高峰,田间隧道大增。

3. 蝼蛄类的发生与环境的关系

1)虫口密度与土壤类型

土壤类型极大地影响着蝼蛄的分布和密度。盐碱地虫口密度大,壤土地次之,黏土地最小;水浇地的虫口密度大于旱地。这是因为前者土质松软,保温保湿性能良好,昼夜温差小,适于蝼蛄生活。两种蝼蛄均喜湿润尤为突出,故水浇地虫口密度多于旱地。

2)发生为害与前茬作物的关系

前茬作物是蔬菜、甘蓝、薯类等作物时,蝼蛄虫口密度大。这是因为菜园地、甘薯地土壤湿润、疏松,且有机质丰富,既适于蝼蛄栖息,又便于取食。靠近村庄的地比远离村庄的地块蝼蛄多,这是村中灯光招引所致。

3)活动规律与温度的关系

蝼蛄的活动受气温和土温的影响很大。在早春当旬平均气温上升至2.3℃,20厘米处土温亦达2.3℃时,地面开始出现两种蝼蛄的新鲜虚土隧道。当气温达11.5℃,土温9.7℃时,地面呈现大量虚土隧道。当夏季气温达23℃时,两种蝼蛄则潜入较深层土中,一旦气温降低,又上升至耕作层。所以,在一年中可以形成春、秋两个为害高峰时期,即在春、秋两季,气温和土温均达16～20℃时,是蝼蛄的两个猖獗为害时期。当秋季气温下降至6.6℃、土温降至10.5℃时,成虫和若虫又潜回到土壤深处开始越冬,越冬深度是在当地地下水位以上和冻土层以下。

4. 蝼蛄类的防治

1)农业防治

轮作倒茬,深耕细耙,合理施肥,适时灌水。

2)人工防治

春雨后查找隧道,挖窝毁卵灭蝼蛄。

3)诱杀

(1)灯光诱杀。利用黑光灯、频振式杀虫灯等,可诱集到一定数量的蝼蛄。

(2)堆马粪。蝼蛄盛发期,在田间堆新鲜马粪,粪内放少许农药,可消灭一部分蝼蛄。

(3)毒饵诱杀。用90%晶体美曲膦酯(敌百虫)、40%乐果乳油或50%辛硫磷乳油1.5千克/公顷,加适量水,拌入30~37.5千克碾碎炒香的米糠、麸皮、豆饼、玉米碎粒或谷秕子等饵料中制成毒饵,于无风闷热的夜晚撒放在已出苗的田块或苗床上,对蝼蛄有良好的诱杀效果。

4)毒土防治

用50%辛硫磷乳油,按1:15:150的药:水:土比例,成虫盛发期顺垄撒施,每公顷施毒土225千克。

5)种子包衣

种子包衣参考蛴螬部分。

(四)地老虎类

地老虎属鳞翅目夜蛾科,是危害农作物大害虫之一。以幼虫为害,俗称幼虫为截虫。地老虎种类很多,为害农作物比较严重的有20余种,包括小地老虎、黄地老虎和大地老虎,此外还有白边地老虎、黑三条地老虎、八字地老虎、警纹地老虎等。其中,小地老虎属于世界性的大害虫,分布很广,国内各省均有发生。黄地老虎主要分布在黄河以北地区,常与小地老虎混合发生。大地老虎仅在长江沿岸局部地区危害严重，北方发生较少。

地老虎是多食性害虫，可为害玉米、高粱等禾本科作物和大豆、甜菜、烟草、棉花等经济作物，还危害多种蔬菜，如茄科、豆科、十字花科、葫芦科等，地老虎主要危害作物的幼苗，切断近地面的茎部，使整株死亡，造成缺苗断垄，严重时甚至毁种。

1. 地老虎的形态

1)小地老虎

(1)成虫。体长17～23毫米，前翅褐色，横线暗褐，肾形纹、环形纹、楔形纹暗褐色，肾形纹外有个尖端向外的剑状纹，外缘线上有2个尖端向内的剑状纹，3个剑状纹尖端相对。后翅灰白(见图4-5)。

图4-5 地老虎

①小地老虎 ②黄地老虎 ③大地老虎

(2)卵。扁圆形，初产时乳白色，孵化前变为灰褐色。

(3)幼虫。腹部各节背面有4个毛片，前排两个略小，后两个毛片比前两个大1倍以上。幼虫臀板黄褐色，具有2条深褐色纵带。

(4)蛹。红褐色至暗褐色，体长18～24毫米，第一至三腹节无明显横沟。

2)黄地老虎

(1)成虫。体长15～18毫米，前翅黄褐色，前翅各横线不明显,肾形纹、环形纹、楔形纹较明显且有深褐色边,斑中央暗褐色。

(2)卵。扁圆形,初产时乳白色,孵化前变为黑色。

(3)幼虫。幼虫腹末节臀板中央有一黄色纵纹,两侧各有一个黄褐色大斑。

(4)蛹。红褐色,体长16~19毫米,第一至三腹节无明显横沟。

3)大地老虎

(1)成虫。体长20~22毫米,翅展52~62毫米,暗褐色。雌蛾触角丝状;雄蛾触角双栉齿状,分枝较长,向端部渐短小,几达末端。前翅褐色,前缘自基部至2/3处黑褐色;肾状纹、环状纹、楔状纹明显,周缘围以黑褐色边,肾纹外方有一黑色条斑;亚基线、内横线、外横线均为双条曲线,但有时不明显;外缘具有一列黑点,内侧至亚缘线间为暗褐色。后翅淡褐色,外缘具有很宽的黑褐色边。

(2)卵。半球形,初产时浅黄色,孵化前变为灰褐色。

(3)幼虫。老熟幼虫体长41~61毫米,黄褐色,体表皱纹多,颗粒不明显。头部褐色,中央具黑褐色纵纹1对,后唇基等边三角形,底边大于斜边。各腹节体背前后两个毛片大小相似。气门长卵形黑色。臀板除末端两根刚毛附近为黄褐色外,几乎全为深褐色,且全布满龟裂状皱纹。

(4)蛹。黄褐色,体长23~29毫米,第一至三腹节有明显横沟。

2. 地老虎的发生规律

1)小地老虎

小地老虎在我国由北到南每年发生1~7代不等,1月份平均气温0℃等温线为越冬分界线。在0℃等温线以北地区,越冬代成虫从南方迁入;0~4℃等温线地区越冬代成虫主要从南方迁入；4~10℃等温线地区，能安全越冬，但越夏困难；10℃等温线以南地区冬季能正常生长发育，不能越夏，秋季虫源从北方迁入。小地老虎为远距离迁飞害虫，我国北方大部分地区的越冬代成虫均由南方迁入。

成虫昼伏夜出，趋光、趋化性强。喜食花蜜补充营养。卵散产或堆产在土块、枯草、作物幼苗及杂草叶背，单雌产卵量800~1000粒。幼虫分6龄，1~3龄昼夜活动，钻入幼苗心叶剥食叶肉，吃成孔洞或缺刻；3龄后昼伏夜出，白天潜伏于土中，夜晚活动取食，将幼苗茎基部咬断，5~6龄为暴食期，食量占总食量的90%以上。幼虫动作敏捷，3龄后有自残性和较强的耐饥能力，对泡桐叶有一定的趋性。大龄幼虫有假死性，受惊时缩成环形。幼虫老熟后潜入5~7厘米表土层中筑土室化蛹。最适生长发育温度为13~25℃，土壤含水量为15%~25%。

2）黄地老虎

黄地老虎每年发生2~4代。以幼虫在麦田、菜田以及田埂、沟渠等处10厘米左右土层中越冬。春季均以第一代幼虫发生多，危害严重。主要为害棉花、玉米、高粱、烟草、大豆、蔬菜等春播作物。成虫趋化性弱，但喜食洋葱花蜜，卵散产在干草棒、根须、土块及麻类、杂草的叶片背面，越冬代成虫单雌平均产卵量608粒。

3）大地老虎

大地老虎每年发生1代。越冬幼虫翌春气温8~10℃时开始取食，气温20.5℃时幼虫陆续成熟，停止取食，开始滞育。

3. 地老虎的发生与环境的关系

1）小地老虎

喜温喜湿，18~26℃、相对湿度70%左右、土壤含水量20%左右对其生长发育及活动有利。高温对其生长发育极其不利。一般河渠两岸、湖泊沿岸、水库边发生较多，壤土、黏壤土、沙壤土发生重，杂草丛生、管理粗放地发生重。

2）黄地老虎

耐旱，年降水量低于 300 毫米的西部干旱区是适于黄地老虎生长发育的常发区。土壤湿度适中、土质松软的向阳地块，黄地老虎幼虫密度大。地块土壤干燥、土质坚硬而又无植被覆盖的环境，越冬密度极小。灌水控制各代幼虫危害有重要作用，对大幅度压低越冬代幼虫的越冬基数尤其显著。

3）大地老虎

越冬幼虫抵抗低温的能力很强，越夏幼虫对高温也有较高的抵抗能力。由于滞育幼虫在土壤中的历期很长，受天气变化、土壤湿度过湿、过干、寄生物及人为耕作的机遇多，因此自然死亡率极高。

4. 地老虎类的防治

1）农业防治

杂草是小地老虎产卵场所和初孵幼虫的食料，也是幼虫转移到作物上的重要桥梁，移栽或春播前铲除田间及田埂杂草，防止成虫产卵，可消灭一代地老虎卵和幼虫；如发现 1~2 龄幼虫，则应先喷药后除草，以免个别幼虫入土隐蔽。清除的杂草，要远离菜田，沤粪处理。

春耕多耙可消灭地表的地老虎卵粒。秋季深耕细耙可经机械杀伤和风冻、天敌取食等作用，有效减少土壤中各种地下害虫的越冬虫口基数。

在地老虎大量发生时，将苗圃灌足水 1~2 天，就可淹死大部分地老虎，或者迫使其外逃，人工捕杀。

2）人工捕杀

利用地老虎昼伏夜出的习性，清晨检查，如发现被咬断苗等情况，应及时拨开附近土块，人工捕杀幼虫。

模块四 苗期生产管理

3)诱杀

(1)糖醋酒液诱杀。红糖 6 份、醋 3 份、白酒 1 份、水 10 份、90%美曲膦酯(敌百虫)1 份调匀制成糖醋液,放入盆内,置于田间,在成虫盛发期的晴天傍晚可连续诱杀 5 天。地老虎、种蝇、萝卜蝇成虫均对糖醋液有较强趋性,可用其进行诱测或诱杀。

(2)黑光灯诱杀。用糖醋酒液再配以黑光灯,或在黑光灯下放一盆水,水中放农药,或倒一层废机油,也有很好的杀灭效果。

(3)毒饵诱杀(堆草诱杀)。用 90%美曲膦酯(敌百虫)300 克加水 2.5 千克,溶解后喷在 50 千克切碎的新鲜杂草上,傍晚撒在田间诱杀地老虎,每亩用毒饵 25 千克;或将新鲜莴苣叶、苜蓿、小白菜、刺儿菜、旋花等切碎,用 90%晶体美曲膦酯(敌百虫)500~800 倍液喷拌后制成毒饵,按 10~15 千克/公顷用量,于傍晚分成小堆置放田间。也可以将杂草、树叶直接散堆在田间,次日清晨翻开杂草、树叶捕捉。

4)化学防治

(1)毒土或毒砂法。用 50%辛硫磷 0.5 千克,加水适量,喷拌细土 50 千克;或 50% 1 份,加适量水后喷拌细砂 1000 份,按每亩用量 20~25 千克,顺垄撒施于幼苗根际附近,毒杀幼虫。

(2)药液浇根。用不带喷头的喷壶或去掉喷片的喷雾器向植株根际喷药液。可选用 50%辛硫磷乳油 1000 倍液,80%美曲膦酯(敌百虫)可溶性粉剂 600~800 倍液,80%敌敌畏乳油 1500 倍液等。

(3)药剂防治。在幼苗及周围地面上,喷洒具有胃毒和触杀双重作用的农药,如 90%美曲膦酯、50%辛硫磷乳油 1000 倍液等,可有效防治地老虎。用 2.5%溴氰菊酯、10%氯氰菊酯或20％杀灭菊酯1500～3000倍液，喷洒幼苗。

（4）种子处理。参考蛴螬。

（五）斑须蝽

斑须蝽属半翅目蝽科，分布于全国各地，主要危害谷子玉米、麦类、水稻、甜菜、棉花、烟草、蔬菜等多种作物。成虫和若虫刺吸嫩叶、嫩茎及穗部汁液。茎叶被害后，出现黄褐色斑点，严重时叶片卷曲，嫩茎凋萎，影响生长，减产减收。

1. 形态特征

成虫体长8～13.5毫米，宽约6毫米。椭圆形，赤褐色、灰黄色或紫色，全身被有白绒毛和黑色小刻点。雌虫触角5节，黑色，第一节短而粗，第二至五节基部黄白色，形成黑白相间的"斑须"。喙细长，紧贴于头部腹面。小盾片三角形，末端具有而光滑鲜明的淡黄白色，为该虫的显著特征。前翅革质部淡红褐至红褐色，膜质部透明，黄褐色。足黄褐色，散生黑点。

若虫共5龄。初孵若虫为鲜黄色，后变为暗灰褐或黄褐色，全身被有白色茸毛和刻点。触角4节，黑色，节间黄白色，腹部黄色，背面中央自第二节向后均有一黑色纵斑，各节侧缘均有一黑斑。

卵长圆筒形，初产为黄白色，孵化前为黄褐色，眼点红色，有圆盖。

2. 习性

成虫行动敏捷，有群聚性。强光下常栖于叶背和嫩头，阴雨和日照不足时，多在叶面、嫩头上活动。弱趋光性，假死性。成虫一般不飞翔，如飞翔其距离也短，一般一次飞移3～5米。成虫白天交配，可交配多次，交配后3天左右开始产卵，以上午产卵较多。卵多产在植物上部叶片正面或花蕾、果实的包片上，呈多行整齐排列。成虫需补充营养才能产卵，即吸食植物嫩茎、嫩芽、顶梢汁液，故产卵前期是为害的重要阶段。初孵若虫群集在卵块处不食不动，2 龄后扩散危害。

成虫及若虫有恶臭，均喜群集于作物幼嫩部分和穗部吸食汁液，自春至秋继续危害。

3. 防治技术

1) 农业防治

春、秋清除田间杂草，消灭越冬成虫。结合田间管理，人工捕捉成虫，抹杀卵块，消灭未分散的低龄若虫，可减轻田间受害程度。

2) 诱杀

利用成虫趋光性，在成虫发生期，特别是发生盛期，用黑光灯诱杀，灯下放一水盆，及时捞虫。

3) 种子处理

锐胜（噻虫嗪）包衣，每 100 千克种子用药量为 100~200 克。将药剂加水稀释成 1~2 升药浆，与 100 千克种子拌匀，晾干后即可。

4) 化学防治

低龄若虫盛发期喷药，若在成虫产卵前连片防治效果更好。

90%美曲膦酯（敌百虫）晶体 1000 倍液、50%辛硫磷乳油 1000 倍液、5%百事达乳油 1000 倍液、2.5%敌杀死（溴氰菊酯乳油）乳油 2000~3000 倍液、2.5%鱼藤酮乳油 1000 倍液、2.5%功夫乳油 1000 倍液、10%氯氰菊酯乳油 2000~3000 倍液、20%甲氰菊酯乳油 2000 倍液、5%锐劲特悬浮剂 2000~3000 倍液、25%阿克泰（噻虫嗪）乳剂 6000~8000 倍液、48%乐斯本乳油 1000~1500 倍液、80%敌敌畏乳油 800~1000 倍液，喷雾防治；3%米乐尔颗粒剂 1 千克/亩，穴施。

(六)玉米蚜

玉米蚜俗称腻虫、蜜虫、蚁虫,属同翅目蚜科,在全国各玉米产区均有分布,可危害玉米、小麦、高粱、水稻、大麦等作物以及狗尾草等多种禾本科杂草。

1. 危害特点

玉米蚜多以成、若蚜群集在心叶危害,刺吸植物组织汁液,导致叶片变黄或发红,影响植株生长发育,严重时植株枯死。危害叶片同时分泌大量蜜露,使叶片表面生霉变黑,影响光合作用,降低粒重。有别于高粱蚜。此外还可传播病毒病造成减产。苗期群集在心叶中为害,抽穗后为害穗部。在紧凑型玉米上主要危害雄花和上层1~5叶,下部叶受害轻。

2. 形态特征

有翅孤雌蚜卵圆形,体长1.5~2.5毫米,黄绿或黑绿色,头胸部黑色发亮,复眼红褐色。腹部灰绿色,第三至五腹节两侧各有一个黑色小点。触角6节,短于身体。腹管圆筒形,上有覆瓦状纹。尾片乳突状,每侧各有刚毛2根。触角、喙、足、腹节间、腹管及尾片均为黑色。

无翅孤雌蚜体长卵形,体长1.8~2.2毫米,淡绿或深绿色,体被一薄层白色粉状物,附肢黑色,复眼红褐色。腹部第七节毛片黑色,第八节具背中横带,体表有网纹。触角、喙、足、腹管、尾片黑色。触角6节,长短于体长1/3。喙粗短,不达中足基节,端节为基宽1.7倍。腹管长圆筒形,端部收缩,腹管具覆瓦状纹。尾片圆锥状,具毛4~5根。有翅孤雌蚜长卵形,体长1.6~1.8毫米,头、胸黑色发亮,腹部黄红色至深绿色。触角6节比身体短。腹部2~4节各具一对大型缘斑,第六、七节上有背中横带,第八节中带贯通全节。其他特征与无翅型相似。卵椭圆形。

3. 发生规律

玉米蚜从北到南一年发生10~20代，以无翅蚜、若蚜在禾本科作物及杂草心叶内越冬。在东北春玉米区，6月中、下旬玉米蚜迁入玉米田为害；7月中旬正值玉米抽雄散粉期，玉米蚜繁殖速度加快，出现第二次有翅蚜迁移高峰；7月下旬至8月上旬种群数量激增，虫口密度达到最高；8月下旬开始，由于昼夜温差大等环境条件不利于蚜虫发育，有翅蚜增加，开始迁出玉米田。

玉米蚜在平均气温7℃以上即可繁殖为害，平均气温23℃、相对湿度85%左右最适于玉米蚜的繁殖为害。暴风雨对玉米蚜有较大抑制作用。高温干旱年份发生重。该蚜虫终生营孤雌生殖，虫口数量增加很快。玉米蚜的天敌有七星瓢虫、异色瓢虫、龟纹瓢虫、食蚜蝇、草蛉和寄生蜂等。

华北地区5~8月为害严重。在江苏省玉米蚜苗期开始为害，6月中、下旬玉米出苗后，有翅胎生雌蚜在玉米叶片背面为害，繁殖，虫口密度升高以后，逐渐向玉米上部蔓延，同时产生有翅胎生雌蚜向附近株上扩散，到玉米大喇叭口末期蚜量迅速增加，扬花期蚜量猛增，在玉米上部叶片和雄花上群集为害，条件适宜为害持续到9月中、下旬玉米成熟前。植株衰老后，气温下降，蚜量减少，后产生有翅蚜飞至越冬寄主上准备越冬。一般8~9月玉米生长中后期，均温低于28℃，适其繁殖，此间如遇干旱、或降水量低于20毫米，易造成猖獗为害。

4.防治方法

1）农业防治

应及时清除田间地头、沟渠边的杂草，消灭玉米蚜的滋生基地。

2）种子处理

用种子重量0.1%的10%吡虫啉可湿粉剂浸种或拌种，可防治苗期蚜虫、蓟马、飞虱等，也可用噻虫嗪、吡虫啉等种衣剂进行包衣。

3）化学防治

（1）喷雾防治。在玉米拔节期、心叶期、大喇叭口末期，发现有玉米蚜为害，可选用40%乐果乳油1500倍液、50%辛硫磷乳油1000倍液、10%吡虫啉可湿性粉剂2000倍液、10%赛波凯乳油2500倍液、2.5%保得乳油2000～3000倍液、20%康福多浓可溶剂3000～4000倍液等喷雾防治，每公顷用药量750克。

（2）撒施乐果毒砂。玉米拔节期，发现玉米蚜为害，及时进行挑治，当有蚜株率30%～40%，出现"起油株"（指蜜露）时应进行全田普治。

每公顷用40%乐果乳油750克对水7500升，喷洒在300千克细砂土上，边喷边拌，然后把拌匀的毒砂均匀地撒在植株上。

（3）玉米心叶期，有蚜株率达50%，百株蚜量达2000头以上时，应及时防治。防治方法一是喷雾或药液灌心。可用50%抗蚜威3000倍液，或40%氧化乐果1500倍液，或50%敌敌畏1000倍液，或2.5%敌杀死3000倍液均匀喷雾或药液灌心。二是涂茎。可用40%氧化乐果50～100倍液涂茎。

（4）撒施颗粒剂。玉米大喇叭口末期，每公顷用3%呋喃丹颗粒剂22.5千克，均匀撒入玉米心内，为防止不均匀，可在呋喃丹中掺入2～3千克细砂混匀后进行撒施。可兼治蓟马、玉米螟、黏虫等。

三、苗期草害识别与防治

（一）玉米田常见杂草

玉米田常见杂草种类较多，不同地区、不同地块杂草种类各不相同。常见种类如稗草、金狗尾草、绿狗尾草、野黍、马唐、芦苇、藜、苋、鸭跖草、苍耳、苘麻、野西瓜苗、龙葵、马齿苋、铁苋菜、香薷、苣荬菜、刺儿菜、问荆、小旋花、打碗花、卷茎蓼、繁缕、鬼针草等。

1. 稗

别名：稗子、稗草、野稗、水稗子。属一年生禾本科晚春杂草。

叶光滑无毛，无叶耳、无叶舌。叶片条形，中脉灰白色，无毛。圆锥花序，直立而粗壮。小穗由两小花构成，长约3毫米，第一小花雄性或中性，第二小花两性。第一外稃草质，脉上有硬刺毛疣毛，顶端延伸成一粗糙的芒，芒长5～10毫米，第二外稃成熟呈革质，顶端具小尖头。

幼苗胚芽鞘膜质，长0.6～0.8厘米；第一片真叶带状披针形（条形），长1～2厘米，具15条直出平行叶脉，自第二片叶开始渐长；无叶耳、叶舌；全体光滑无毛（见图4-6）。

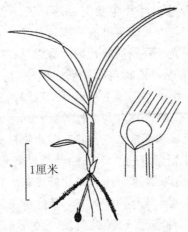

图4-6 稗草

种子繁殖。种子从10℃开始萌发，20～30℃最适；种子发芽适宜的土层深度为1～5厘米，1～2厘米出苗率最高，埋入土壤深层未发芽的种子,能保持发芽力10年以上。

发生期早晚不一,但基本属于晚春型出苗的杂草。正常出苗的植株,大约7月上旬前后抽穗、开花,8月初果实即渐次成熟。种子边成熟,边脱落,体轻有芒,借风或水流传播。种子可经过草食动物吞入排出而转移。

水、旱田都有生长,也生于路旁、田边、荒地。适应性极强,既耐干旱,又耐盐碱,喜温湿,能抗寒。繁殖力惊人,一株稗有种子数千粒,最多可结1万多粒。

变种:长芒稗、旱稗、无芒稗、西来稗。

近似种:光头稗子(芒稷)。

2. 狗尾草(莠)

别名:绿狗尾草、莠、谷莠子、狗毛草。属一年生禾本科晚春杂草。

植株直立,株高20~120厘米。秆疏丛生,直立或基部屈膝状上升,有分枝。叶片条状披针形,淡绿色,有绒毛状叶舌、叶耳,叶鞘与叶片交界处有一圆紫色带。

叶鞘较松弛光滑,圆筒状,鞘口有柔毛;叶舌退化成一圈1~2毫米长的柔毛;穗状花序排列成圆柱(狗尾)形,直立或稍向一侧弯垂。小穗基部刚毛粗糙,刚毛绿色或略带紫色。颖果长圆形,扁平,第二颖片与小穗等长。

幼苗鲜绿色,基部紫红色。除叶鞘边缘具长柔毛外,其他部位无毛。胚芽鞘紫红色。第一片叶长椭圆形,长8~10毫米,具21条直出平等脉。自第二片叶渐长。叶舌呈纤毛状,叶鞘边缘疏生柔毛。叶耳两侧各有一紫红色斑。

种子繁殖。种子经冬眠后萌发。种子萌发最低温度为10℃,但出苗率低且缓慢;种子萌发适宜温度15~30℃,适宜出苗的土壤深度为2~5厘米,埋在土壤深层未发芽的种子可存活10~15年。种子耐旱耐瘠薄。

大狗尾草(法氏狗尾草)：花序较长大而稍弯垂，谷粒成熟后背部明显膨胀隆起。

谷莠子：植株较高大而粒壮，花序稍松散、弯垂，并较粗大而具分枝；幼苗与谷子极相似，多与谷子伴生。

金狗尾草：花序较短小而直立；刚毛金黄色或稍带褐色；小穗顶端尖；谷粒成熟后背部隆起且有明显横皱纹。

3. 金狗尾草

俗名：金色狗尾草。属一年生禾本科杂草。

株高20～90厘米，秆直立或基部倾斜。叶片线形，长5～40厘米，顶端长渐尖，基部钝圆，通常两面无毛或仅于腹面基部疏被长柔毛。叶鞘无毛，下部压扁具脊，上部圆柱状。

圆锥花序紧缩，圆柱状，较短小而直立，主轴被微柔毛；小穗单生，下托数枚刚毛，刚毛稍粗糙，刚毛金黄色或稍带褐色；第二颖长只及小穗的一半。

小穗椭圆形，长约3毫米，顶端尖，通常在一簇中仅一个发育。颖果宽卵形，暗灰色或灰绿色。脐明显，近圆形，褐黄色；腹面扁平；胚椭圆形，色与颖果同。

幼苗第一叶线状长椭圆形，先端锐尖。第二至五叶为线状披针形，先端尖，黄绿色，基部具长毛，叶鞘无毛。

种子繁殖。花果期6～10月。生于旱作地、田边、路旁和荒芜的园地及荒野，为秋熟旱作地的常见杂草，在果、桑、茶园危害较重。

4. 马唐

马唐别名：抓根草、抓地草、万根草、鸡爪草、须草。属一年生禾本科杂草。多在初夏发生。

株高40～100厘米，茎多分枝，秆基部倾斜或横卧，着地后节易生不定根。秆光滑无毛。叶片条状披针形，无毛或两面疏生软毛。叶鞘无毛或疏生疣基软毛,多短于节间。叶舌膜质,先端钝圆。花序总状3~10枚,由2~8个细长的穗排列成指状或下部近于轮生;小穗披针形或两行互生排列。

幼苗暗绿色,全体被毛。第一片叶6~8毫米,卵状披针形,常带暗紫色,有19条直出平行脉,叶缘具睫毛。叶片与叶鞘之间有一不甚明显的环状叶舌,顶端齿裂。叶鞘表面密被长柔毛。第二片叶叶舌三角状,顶端齿裂。5~6叶开始分蘖,分蘖数常因环境差异而不等。

种子繁殖。种子生命力强,随成熟随脱落。成熟种子有休眠习性。种子在低于20℃时发芽慢,25~40℃发芽最快,种子萌发适宜温度25~35℃,种子萌发较作物晚,因此多在初夏发生。东北地区发生期稍晚,是进入雨季田间发生的主要杂草之一。种子萌发最适相对湿度63%~92%,喜湿喜光,潮湿多肥的地块生长茂盛;种子萌发适宜的土壤深度为1~6厘米,以1~3厘米发芽率最高。

5. 野黍

野黍属一年生禾本科早春杂草。

株高30~100厘米。秆直立或基部屈膝、伏地;秆基部分枝,稍倾斜。叶片扁平,条状披针形,长15~25厘米,宽5~15毫米,表面具微毛,背面光滑,边缘粗糙。叶鞘松弛包茎,无毛或被微毛或鞘缘一侧被毛,节上具髭毛;叶舌短小,具长约1毫米纤毛。总状花序数枚排列于主轴的一侧,密生柔毛。小穗单生,卵状椭圆形,绿色或带紫色,成2行排列于穗轴的一侧。小穗柄极短,密生长柔毛。颖果卵圆形,长约3毫米。

种子繁殖。种子发芽较喜温,晚春出苗,野黍在黑龙江一般在5月中旬出苗,比稗草和狗尾草早7~10天。喜光、喜水,耐酸碱。种籽粒大,分蘖能力强,靠风力传播距离短,在田间分布不均匀,造成局部区域集中发生危害。花果期7~10月。

模块四 苗期生产管理

6. 芦苇

芦苇别名：苇子、芦柴。属多年生禾本科杂草。

植株高大，地下有发达粗壮的匍匐根状茎。茎秆直立，株高1~3米，节下常生白粉。叶片长线形或长披针形，叶长15~45厘米，宽1~3.5厘米，排列成两行，下面叶片与茎成90°。叶鞘圆筒形，无毛或有细毛。叶舌有毛。

圆锥花序粗大，分枝多而稠密，斜上伸展，下部枝腋间具长柔毛。花序长10~40厘米，小穗有小花4~7朵；颖具3脉，第一颖短小，第二颖稍长；第一小花多为雄性，余两性。

以根茎繁殖为主，根状茎繁殖力极强。种子也能繁殖，种子成熟后随风飞散。根茎芽早春萌发，晚秋成熟。耐干旱，耐盐碱，多生长在低、湿地或浅水中，单生或成大片苇塘，也有零散混生群落。危害旱田和水田。

7. 藜

藜别名：灰菜，灰条菜。属一年生藜科早春杂草。株高30~120厘米。茎光滑，直立，有棱，多分枝，带绿色或紫红色条纹。叶互生，有细长柄。基部叶片较大，多呈菱形或三角状卵形，先端尖，基部宽楔形，边缘具有不整齐的波状齿；上部的叶片较窄，披针形，尖锐，全缘或微齿；叶片两面均有银灰色粉粒，以背面和幼叶更多。幼时全体被白粉。

花顶生或腋生，多花聚成团伞花簇。胞果扁圆形，花被宿存。种子黑色，肾形，有光泽。

幼苗子叶肉质，近条形，背面有银白色粉粒，具长柄。上、下胚轴均很发达，上胚轴红色，下胚轴密被粉粒。初生叶2片，对生，三角状卵形，主脉明显，叶背紫红色，有白粉，叶缘微波状，两面均布满粉粒。后生叶卵形，叶缘波齿状。幼苗全体灰绿色(见图4-7)。

图 4-7 灰菜

种子繁殖。种子萌发的最低温度为 10℃，最适温度为 20~30℃，最高温度为 40℃；适宜萌发的土层深度在 4 厘米以内。东北地区 3~5 月出苗，6~10 月开花结果，随后果实渐次成熟。种子落地或借外力传播。全国各地均有分布。

小藜：植株较藜矮小，茎中下部的叶片为长圆状卵形，叶片近基部有两个较大的裂片。除西藏外全国均有分布，黑龙江、新疆发生较重。

8. 龙葵

龙葵别名：黑星星、黑油油、黑天儿、天星星。属一年生茄科杂草，春、夏季萌发。

株高30～100厘米。茎直立，上部多分枝，无毛。叶互生，卵形，长2.5～10厘米，宽1.5～5.5厘米，全缘或具不规则波状粗齿，两面光滑或有疏短柔毛，顶端尖锐，基部楔形或渐狭至柄，叶柄长达2厘米，无托叶。花序短蝎尾状或近伞状，侧生或腋外生，有花4～10朵，花序梗长1～2.5厘米；花细小，白色，柄长约1厘米，下垂；花萼杯状，绿色，5浅裂；花冠白色，辐射状，5裂，裂片卵状三角形，约3厘米；雄蕊5，花药顶端孔裂；子房上位，卵形，花柱中部以下有白色绒毛。浆果球形，有光泽，直径约8毫米，成熟时黑色。种子多数，近卵形，扁平。

幼苗全体密被短毛。下胚轴发达，但胚轴极短，微带暗紫色。子叶长约0.9厘米，阔卵形或宽披针形，叶缘有毛，先端锐尖，基部渐狭至柄，柄上有毛。初生叶1片，阔卵形，全缘，叶缘具毛，先端尖，基部圆，叶面密生短柔毛，有明显羽状脉。

种子繁殖。种子萌发最低温度为14℃，最高温度22℃。最适温度19℃，喜温暖湿润的气候，种子萌发的温度范围14～22℃，土层深度在0～10厘米以内。

北方4～6月出苗，7～9月现蕾、开花、结果，花果期9～10月。当年种子一般不萌发，经越冬休眠后才发芽出苗。

全国各地均有分布，黑龙江发生较重。因单株投影面积较大，易使矮棵作物遭受危害。

9. 反枝苋

反枝苋别名：苋、苋菜、野苋菜、西风谷、红枝苋。苋科一年生杂草。

株高80～100厘米。茎直立，有分枝，稍有钝棱，密生短柔毛。叶互生，有柄，叶片倒卵形或卵状披针形，先端钝尖

(微凸或微凹),叶脉明显隆起,边缘略显波状。花簇多刺毛,集成稠密的顶生和腋生的圆锥花序,苞片干膜质。胞果扁球形,淡绿色。种子倒卵形至圆形,略扁,黑色,表面光滑有光泽(见图 4-8)。

图 4-8 反枝苋成株

幼苗下胚轴发达,紫红色;上胚轴有毛;子叶长椭圆形,长 1~1.5 厘米,先端钝,基部楔形,具柄,叶上面呈现灰绿色,下面紫红色;初生叶 1 片,卵形,全缘,先端微凹,叶下面呈紫红色;后生叶形状同初生叶,但叶片具毛。

种子繁殖。种子萌发适宜温度为 15~30℃,适宜土层深度 5 厘米以内。4 月出苗,7 月以后种子渐次成熟落地。

凹头苋:植株较矮小,茎平卧而上升,自基部分枝;叶顶凹缺;花簇多腋生,有时有一粗大顶穗;胞果不开裂。

刺苋:植株较高大,茎几无毛;叶柄基部两侧各有 1 刺;一部分苞片变成尖刺。

模块四 苗期生产管理

10. 马齿苋

马齿苋别名：马齿菜、长寿菜、马须菜。属一年生马齿苋科肉质杂草。

植株全体光滑无毛，长可达35厘米。茎自基部四散分枝，下部匍匐，上部略能直立或斜上；茎肉质，肥厚多汁，全体光滑无毛，绿色、淡紫色或紫红色。叶为单叶，互生或假对生，叶柄极短或近无柄；叶片肉质肥厚，光滑，上表面深绿色，下表面淡绿色。叶片楔状长圆形、匙形或倒卵形，全缘，先端圆、稍凹或平截，基部宽楔形，形似马齿，故名"马齿苋"。花黄色，3～5朵簇生枝顶，无梗。蒴果圆锥形，盖裂。种子极多，肾状扁卵形，黑褐色，直径不到1毫米，有小疣状突起。

幼苗紫红色，肉质，光滑无毛。下胚轴发达，上胚轴不发达。子叶肥厚，长圆形，长约0.4厘米，具短柄。初生叶2片，倒卵形，全缘，先端钝圆，基部楔形，具短柄。后生叶倒卵形，全缘。

种子繁殖。喜温，春、秋季均可萌发，为夏季田间常见杂草。种子萌发适宜温度20～30℃，适宜土层深度3厘米以内。5月份出现第一次出苗高峰，8～9月出现第二次出苗高峰，5～9月陆续开花，6月份果实开始渐次成熟散落。马齿苋生命力极强，被铲掉的植株曝晒数日不死，植株断体在适宜条件下可生根成活。遍布全国各地。喜生于肥沃而湿润的土壤，尤以菜园发生较多。

11. 苘麻

苘麻别名：青麻、白麻、麻果。属一年生锦葵科杂草，亚灌木状草本，亦为纤维植物之一。

植株高达1～2米，茎直立，圆柱形，茎枝被柔毛。叶互生，圆心形，长5～10厘米，先端渐尖，基部心形，边缘具粗细不等的锯齿，叶两面均密被星状柔毛，掌状叶脉 3~7 条；叶具长柄，柄长 3~12 厘米，被星状细柔毛；托叶早落。花单生于叶腋，花梗长 1~13 厘米，被柔毛，近顶端具节；花萼杯状，密被短绒毛，5 裂，卵形，长约 6 毫米；花鲜黄色，花瓣 5 枚，倒卵形，长约 1 厘米。蒴果半球形，直径约 2 厘米，长约 1.2 厘米，分果瓣 15~20 个，被粗毛，顶端具 2 个长芒；种子肾形，有瘤状突起，灰褐色，被星状柔毛。

幼苗全体被毛。下胚轴发达。子叶长 1~1.2 厘米，心形，先端钝，具长叶柄。初生叶 1 片，卵圆形，有柄，先端尖，基部心形，叶缘有钝齿。叶脉明显。

种子繁殖，为黑龙江省玉米田难防杂草之一。4~5 月出苗，7 月份现蕾开花，8 月份果实渐次成熟。花期 7~8 月。

12. 野西瓜苗

野西瓜苗别名：香铃草、小秋葵、打瓜花。属一年生锦葵科杂草。因其叶片先掌状裂，再羽状深裂，叶片外形极像西瓜，因而称为"野西瓜苗"。

株高 30~70 厘米。茎柔软，直立或平卧，多分枝，基部的分枝常铺散，被白色星状粗毛。叶互生，具长柄；叶片掌状，3~5 全裂或深裂，裂片呈倒卵形羽状再分裂，两面有星状粗刺毛。

叶二型，下部的叶圆形，不分裂，上部的叶掌状 3~5 深裂，直径 3~6 厘米，中裂片较长，两侧裂片较短，裂片倒卵形至长圆形，通常羽状全裂，上面疏被粗硬毛或无毛，下面疏被星状粗刺毛；叶柄长 2~4 厘米，被星状粗硬毛和星状柔毛；托叶线形，长约 7 毫米，被星状粗硬毛。花单生于叶腋，花梗长约 2.5 厘米，被星状粗硬毛；小苞片 12 枚，线形，长约 8 毫米，被粗长硬毛，基部合生；花萼钟状，淡绿色，长 1.5~2 厘米，被粗长硬毛或星状粗长硬毛，5 裂，膜质，三角形，具纵向绿色条棱，棱上有紫色疣状突起，中部以上合生；

花白色或淡黄色，内面基部紫色，直径2～3厘米，花瓣5枚，倒卵形，长约2厘米，外面疏被极细柔毛；雄蕊柱长约5毫米，花丝纤细，长约3毫米，花药黄色。蒴果长圆球形，直径约1厘米，被粗硬毛，果皮薄，黑色；种子肾形，灰褐色或黑色，具瘤状突起。

幼苗下胚轴发达，被短毛。子叶长约0.6厘米，一个为卵圆形，一个为近圆形，有柄，柄上有毛。初生叶一片，近方形，先端微凹，基部近心形，叶缘有钝齿及稀疏的睫毛，叶柄长，有毛；第二片真叶椭圆形，叶片3裂，中间裂片较大，叶缘有钝齿及睫毛。

种子繁殖。4～5月出苗，7月份现蕾开花，8月份果实渐次成熟。花期7～10月。全株干枯后种子脱落，经越冬休眠后萌发。全国各地均有分布。

13. 苍耳

苍耳别名：老苍子、苍子、粘粘葵。属一年生菊科杂草。

株高可达1米，茎直立，粗壮，多分枝，有钝棱及长条斑点。叶互生，具长柄；叶卵状三角形或心形，基部浅心形至阔楔形，边缘有不规则的锯齿或常成不明显的3浅裂，两面均有贴伏毛；叶柄长3.5～10厘米，密被细毛。花序头状，腋生或顶生，花单性，雌雄同株。成熟的具瘦果包于坚硬的总苞内，无柄，长椭圆形或卵形，长10～18毫米，宽6～12毫米，表面具钩刺，钩刺长1.5～2毫米，顶端喙长1.5～2毫米。瘦果2枚，倒卵形，埋藏于总苞内，瘦果内含1颗种子。

幼苗粗壮。上胚轴不发达；下胚轴发达，常带紫红色。子叶长约2厘米，卵状披针形，肉质肥厚，基部抱茎，光滑无毛，3出脉，具长柄。初生叶2片，卵形，先端钝，叶缘有粗锯齿，具睫毛。叶片及叶柄均密被绒毛，主脉明显。

种子繁殖。种子萌发最适温度为15～20℃。苍耳幼苗拱土能力强，出土最适深度为3~7厘米，最深达13厘米。我国北方5月份出苗，7~9月开花结果，8月份果实渐次成熟，落入土中或以钩刺附着于其他物体传播。种子经越冬休眠后萌发。苍耳适应性强，抗旱、耐瘠薄，在酸性或碱性土壤中均能生长。全国各地均有分布。

14. 铁苋菜

铁苋菜别名： 蚌壳草、海蚌含珠。属一年生大戟科杂草。

株高20~50厘米，全株被柔毛。茎直立，有分枝，小枝细长。叶互生，膜质，具长柄，长卵形、卵状菱形或椭圆状披针形，长3~9厘米，宽1~5厘米，顶端短渐尖，基部楔形，边缘具钝齿，两面无毛或被疏毛，下面沿中脉具柔毛，3出叶脉，侧脉3对。叶柄长2~6厘米，具短柔毛；托叶披针形，长1.5~2毫米，具短柔毛。花单性，雌雄同序，无花瓣。蒴果，钝三角形，直径4毫米，有毛。种子近球形，长1.5~2毫米，褐色，种皮平滑。

幼苗淡紫红色，幼苗除子叶外全株被毛。下胚轴发达，上胚轴不发达。子叶近圆形，长约0.6厘米，先端截形，全缘。初生叶2片，卵形，先端圆，具短柄，边缘有疏齿。子叶及真叶叶片下面和下胚轴均呈淡紫红色。

种子繁殖。喜湿，地温稳定在10~16℃时萌发出土，种子萌发的适宜温度为10~20℃。我国中北部，铁苋菜于4~5月出苗，6~7月也常有出苗高峰，7~8月陆续开花结果，8~10月果实渐次成熟。种子边熟边落，经冬季休眠后萌发。我国各地均有分布。

15. 香薷

香薷别名： 野苏子、山苏子、臭荆芥。属一年生唇形科杂草。

株高30~50厘米。具特殊香味。茎直立，钝四棱形，具槽，常自中部以上分枝，无毛或被倒向疏柔毛，常呈麦秆黄色，老时变紫褐色。叶对生，具柄，叶柄长0.5~3.5厘米。叶片卵形或椭圆状披针形，长3~9厘米，宽1~4厘米，先端渐尖，基部楔状下延成狭翅，边缘具钝齿，上面绿色，疏被小硬毛，下面淡绿色，主沿脉上疏被小硬毛，背面密生橙色腺点，花序轮伞形，由多花偏向一侧组成顶生假穗状。苞片宽卵圆形或扁圆形，先端具芒状突尖，具睫毛；花萼钟状，具5齿；花冠淡紫色，约为花萼长之3倍，外面被柔毛，上部夹生有稀疏腺点；小坚果长圆形，长约1毫米，黄褐色，光滑。

幼苗子叶近圆形，上、下胚轴发达；初生叶2片，卵形，边缘有齿(见图4-9)。

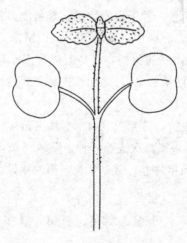

图4-9 香薷

种子繁殖。香薷在我国北方5~6月出苗，7~8月现蕾开花，8~9月果实成熟。黑龙江省北部地区发生偏重。

16. 苣荬菜

苣荬菜别名：曲麻菜、苦麻菜、曲荬菜、甜苣荬。属多年生菊科杂草。

全株含有白色乳汁。株高 30～80 厘米，茎直立，上部分枝或不分枝。具匍匐根状茎。基生叶丛生，有柄；茎生叶互生，无柄，基部呈耳状，抱茎。

叶长圆状披针形，有稀疏的缺刻或羽状浅裂，边缘有尖齿，两面无毛，幼时常带紫红色，中脉白色，中脉宽而明显。头状花序，顶生；花鲜黄色，全为舌状花；瘦果长椭圆形，扁，有纵棱，红褐色，具白色冠毛。

幼苗子叶椭圆形或阔椭圆形，绿色；初生叶 1 片，阔椭圆形，紫红色，叶缘具齿，无毛，有柄。

根茎繁殖为主，种子也能繁殖。繁殖能力强，根茎多分布在 5～20 厘米的土层中，最深可达 80 厘米，侧根可达 1～1.5 米。根细嫩，质脆易断，极易断成许多小段，每个有根芽的小段（即使 1 厘米长也可）均能长成一个新的植株。植株耐干旱，抗盐碱。全株有白色乳汁。

我国北部地区，苣荬菜于 4～5 月出苗，6～10 月开花结果，7 月份以后果实渐次成熟。种子随风飞散，经越冬休眠后萌发。实生苗当年只进行营养生长，第二年以后开花结果。

17. 刺儿菜

刺儿菜别名：小蓟、刺菜、刺蓟。属多年生菊科根蘖杂草。

株高 30～50 厘米，茎直立，上部疏具分枝。幼茎被白色蛛丝状毛，有棱。有长的地下根茎，且深扎。叶互生，无柄，叶缘有硬刺状齿，叶片正反两面有疏密不等的白色蛛丝状毛，叶片披针形。头状花序，鲜紫色，单生于顶端，苞片数层，由内向外渐短。花两性，雌雄异株。生两性花的花序短，生雄花的花序长。果期冠毛与花冠近等长。瘦果长卵形，褐色，具白色或褐色冠毛。

幼苗子叶矩圆形，叶基楔形。下胚轴极发达，上胚轴不育。初生叶1片，缘齿裂，具齿状刺毛。后生叶和初生叶对生。

根芽繁殖为主，种子繁殖为辅。根系极发达，可深入地下达2~3米，根上生有大量的芽，每个芽都可发育成新植株，植株整个生长期间均可形成根芽，再生能力强，断根仍能成活。根芽在生长季节随时都可萌发，而且地上部分被除掉或根茎被切断，也能再生新株。根茎发芽的最适温度为30~35℃。

我国北部，刺儿菜最早3~4月前后出苗，5~9月开花结果，6~10月果实渐次成熟。种子借风力飞散。实生苗当年只进行营养生长，第二年才开花结果。全国各地均有分布，植株耐干旱、抗盐碱，但不耐湿。北方主要发生在地下水位较低的山坡地及砂性土壤地块。

18. 鬼针草

鬼针草别名：婆婆针、鬼叉。属一年生菊科杂草。

株高30~100厘米，茎直立，钝四棱形，多分枝，紫褐色，无毛或上部被极稀疏的柔毛，基部直径可达6毫米。叶互生或对生，有柄。上部对生或互生，叶片为羽状裂；中下部对生叶片2回羽状深裂，裂片披针形，边缘有不规则细齿或钝齿。

头状花序，有长1~6厘米的花序梗。总苞多层，基部被短柔毛，外层短小，绿色，内层较长，黄褐色。花黄色，边花舌状，心花筒状。瘦果黑色，条形，略扁，具棱，长7~13毫米，宽约1毫米，上部具稀疏瘤状突起及刚毛，顶端具3~4枚芒刺状冠毛。

幼苗上下胚轴均发达，紫红色。子叶有柄，长圆状披针形，长约3厘米，先端锐尖，基部渐狭至叶柄，光滑无毛。初生叶2片，2回羽状深裂，有柄，叶缘具不整齐锯齿，并具睫毛，主脉被疏短毛。

种子繁殖。鬼针草在我国北方4~5月出苗，7~8月开花结果，8~9月果实成熟。种子经越冬休眠后萌发。

三叶鬼针草：茎的中下部叶片3深裂或羽状分裂，裂片卵形或狭椭圆形，边缘有锯齿或分裂；上部叶片3裂或不裂。分布在我国中部和南部地区。

小花鬼针草：叶对生，叶片2~3回羽状全裂，裂片条形或条状披针形，全缘或有齿，疏生细毛或无毛；花全为筒状。分布在我国东北、华北等地。

19. 鸭跖草

鸭跖草别名：兰花菜。属一年生鸭跖草科晚春杂草。

茎多分枝，基部匍匐且节处生根，上部直立或斜升，长30~50厘米。叶互生，披针形或卵状披针形，表面光滑无毛，有光泽，叶无柄或几乎无柄。花瓣蓝色，其中有一瓣较大，常呈爪状。蒴果椭圆形，2室，有种子4粒；种子椭圆形至棱形，种皮表面凹凸不平，土褐色或深褐色。

幼苗子叶顶端膨大，留在种子内成为吸器。子叶鞘膜质，包着一部分上胚轴，下胚轴发达，紫红色。在子叶鞘与种子之间有一子叶连接。初生叶1片，互生，卵形，叶鞘闭合，叶基及鞘口均有柔毛。后生叶1片，卵状披针形，叶基阔楔形。

种子繁殖。雨季蔓延迅速，入夏开花，8~9月果实成熟，种子随成熟随脱落。种子萌发适宜温度15~20℃，发芽深度为2~6厘米，种子在土壤中可存活5年。

分布广泛，喜潮湿，湿润土壤发生较多，抗逆性强，耐干旱，出苗早，防治困难。

模块四 苗期生产管理

20. 问荆

问荆别名：节骨草。属多年生木贼科杂草。

中小型植物。具发达根茎，入土深 1～2 米，常具小球茎。根茎斜升，直立和横走，黑棕色，节和根密生黄棕色长毛或光滑无毛。地上茎直立，当年枯萎，二型。其一是孢子茎（能育枝），春季先萌发，肉质，高 10～30 厘米，黄白色、淡黄色或黄棕色，不分枝，脊不明显，有密纵沟；叶退化为鞘状，鞘筒栗棕色或淡黄色，具长而大的棕褐色鞘齿，鞘齿 9～12 枚，狭三角形，鞘背仅上部有一浅纵沟，孢子散后孢子茎（能育枝）枯萎。孢子囊穗状顶生，圆柱形，顶端钝，成熟时柄伸长，柄长 3～6 厘米。其二是营养茎（不育枝），于孢子茎枯萎前在同一根茎上后生出，绿色，高 15～60 厘米，有轮生分枝，主枝中部以下有分枝，具棱脊 6～15 条，表面粗糙，叶变成鞘状，鞘筒狭长，绿色，有黑色小鞘齿，鞘齿三角形，5～6 枚，中间黑棕色，边缘膜质，淡棕色，宿存。

根茎繁殖为主，孢子也能繁殖。根状茎发达，根茎在土壤中横走，可长达几米，喜潮湿微酸性土壤。在我国北方 4～5 月生出孢子茎，孢子迅速成熟后随风飞散，不久孢子茎枯死；5 月中下旬生出营养茎，9 月份营养茎死亡。

21. 田旋花

田旋花别名：中国旋花、箭叶旋花、野牵牛、拉拉菀。属多年生旋花科缠绕草本杂草。

具直根和根状茎。直根入土较深，根状茎横走。茎蔓状，缠绕、平卧或匍匐生长，有棱，上部有疏毛。叶互生，有柄，叶柄长 1～2 厘米；叶片形状多变，基部为戟形或箭形，长 2.5～6 厘米，宽 1～3.5 厘米，全缘或 3 裂，先端近圆或微尖；中裂片大，中裂片卵状椭圆形、狭三角形、披针状椭圆形或线形;侧裂片开展或呈耳形。

花1~3朵腋生;花梗细长;苞片2枚,线形,远离花萼;萼片5枚,倒卵圆形,无毛或被疏毛,边缘膜质;花冠漏斗形,粉红色或白色,长约2厘米,顶端有不明显的5浅裂,外面有柔毛,褶上无毛;雄蕊的花丝基部肿大,有小鳞毛;子房2室,有毛,柱头2,狭长。蒴果球形或圆锥形,无毛;种子卵圆形,无毛。

实生苗子叶近方形,主脉明显,先端微凹,有柄;初生叶1片,长圆形,先端钝,基部两侧稍向外突出成矩,有柄。

根芽和种子繁殖。种子可由鸟类和哺乳动物取食进行远距离传播。我国北部地区3~4月出苗,种子4~5月出苗,5~8月陆续现蕾开花,6月份以后果实渐次成熟,9~10月地上茎叶枯死。

22. 打碗花

打碗花别名:小旋花、常春藤打碗花、喇叭花、兔耳草。属多年生旋花科杂草。

具地下横走根状茎,地上垄白色,粗壮。茎蔓生,多自基部分枝,缠绕或匍匐,长30~100厘米,有细棱,无毛,具白色乳汁。叶互生,有长柄;基部叶片长圆状心形,全缘;上部叶片三角状戟形,先端钝尖,基部常具4个对生叉状的侧裂片。花单生于叶腋,具长梗,有2片卵圆形的苞片,紧包在花萼的外面,宿存。花冠淡粉红色,漏斗状。蒴果卵圆形,黄褐色。种子光滑,卵圆形,黑褐色。

幼苗粗壮,光滑无毛。子叶长约1.1厘米,近方形,先端微凹,有柄。初生叶1片,阔卵形,先端圆,基部耳垂状,全缘,叶柄与叶片几等长。后生叶变化较大,多为心脏形,有3~7个裂片(见图4-10)。

实生苗子叶方形,先端微凹,有柄;初生叶1片,宽卵

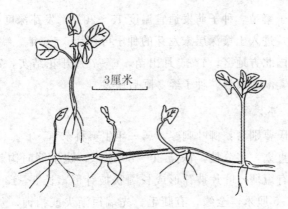

图 4-10 打碗花

形,有柄。

根芽和种子繁殖。根状茎多集中于耕作层中。我国中北部地区,根芽 3 月份出土,春苗与秋苗分别于 4~5 月和 9~10 月生长繁殖最快,6 月份开花结实,春苗茎叶炎夏干枯,秋苗茎叶入冬枯死。我国东北、华北、华中一带均有分布。

23. 卷茎蓼

卷茎蓼别名:荞麦蔓。属一年生蓼科蔓性杂草。

茎缠绕,细长,可长达 1 米以上,有纵条棱,纵棱上有细小钩刺。叶互生,具长柄;叶片卵圆形,先端渐尖,基部心形或戟形,全缘,无毛或沿叶脉和边缘疏生短毛;托叶鞘短,膜质,斜截形。

花少数,数枚小花簇生于叶腋,花梗较短,花被淡绿色,花被 5 深裂。瘦果卵形,长 2.5~3.5 毫米,有三棱,果棱锐,深黑色,表面有白色腺点,外被花被。

幼苗下胚轴较短,淡红色;子叶 2 片,长椭圆形,长 1.5~2 厘米,具短柄。初生叶 1 片,卵形,基部宽心形,具长柄。

种子繁殖。种子萌发适宜温度15~20℃，发芽深度在6厘米以内，进入土壤深层未发芽的种子可存活5~6年。

我国北方地区，4~5月出苗，6~7月开花结实，7月份以后果实渐次成熟。种子经冬眠后萌发。

24. 本氏蓼

本氏蓼别名：柳叶刺蓼。属一年生蓼科杂草。

茎直立，多分枝，株高30~80厘米，疏生倒向钩刺。叶互生，有短柄，叶片披针形或长圆状披针形，长3~13厘米，宽1~2.5厘米，全缘，有睫毛，先端短渐尖或稍钝，基部楔形。托叶鞘筒状，膜质，先端截形，有长睫毛。花序穗状，细长，顶生或腋生，穗轴密生腺毛；苞片漏斗状，上部为紫红色，苞内生有3~4朵花；花排列稀疏；花被白色或淡红色。花被片5深裂，裂片椭圆形。瘦果圆形而略扁，黑色，无光泽，长约3.5毫米。

幼苗全株密被紫红色乳头状腺毛。幼苗下胚轴发达，上胚轴不明显。子叶长卵形，长1.2厘米，宽4毫米，先端锐尖，有短柄。初生2片，长圆形，先端钝圆，叶缘及叶脉具短刺毛。后生叶卵形或椭圆形。

种子繁殖，春季出苗，为常见夏、秋收作物田杂草。种子萌发适宜温度为15~20℃，发芽深度在5厘米以内。我国北方地区，4~5月出苗，7~8月开花结实，8月份以后果实渐次成熟。种子经越冬休眠后萌发。

25. 薤白

薤白别名：小根蒜、山蒜、苦蒜、小根菜、野蒜、野葱、野薤。属多年生百合科杂草。

鳞茎近球状，粗0.7~2厘米，基部常具小鳞茎；鳞茎外皮纸质或膜质。叶互生，3~5枚，半圆柱状，或因背部纵棱发达而为三棱状半圆柱形,中空,基部鞘状抱茎。花葶直立,圆柱状,高30~60厘米,1/4~1/3被叶鞘。伞形花序半球状至球状,具有多而密集的花,或间具珠芽或有时全为珠芽。花梗细长,具苞片;小花梗近等长,比花被片长3~5倍,基部具小苞片;珠芽暗紫色,基部亦具小苞片;花被粉红色,背脊紫红色。蒴果倒卵形。

鳞茎和种子繁殖。以鳞茎和幼苗越冬,越冬鳞茎早春出苗。成熟种子经过一段时间休眠后即可萌发。花果期5~7月。

26. 繁缕

繁缕别名:鹅肠菜、鸡儿肠、鹅耳伸筋。属一年生或二年生石竹科杂草。

植株呈黄绿色,株高10~30厘米,茎蔓生,平卧或直立,茎自基部呈叉状分枝,上部茎上有一纵行短柔毛。叶对生,全缘,叶基圆形。种子圆形,黑褐色,密生疣状突起。

幼苗子叶卵形,上下胚轴均发达。初生叶卵圆形,对生,叶柄疏生长柔毛。后生叶与前叶相似,全株黄绿色。

种子繁殖,种子越冬。繁缕从春到秋均可出苗,且秋季生长繁茂。繁缕种子繁殖量大,生命力强,每株可结子500~2500粒。浅埋的种子可存活10年以上,深埋的种子可存活60年以上。种子有2~3个月的原生休眠期。种子萌发的最低温度为2℃,适宜温度为12~20℃,超过30℃不发芽。适宜的土层深度为1~2厘米。较耐低温,可在2℃的条件下生长,在-10℃存活。

全国各地均有分布,尤以疏松肥沃的土壤多见。

(二)玉米田苗后常用除草剂

1. 单剂

烟嘧磺隆(玉农乐)、唑嘧磺草胺(阔草清)、莠去津、噻吩磺隆、辛酰溴苯腈、苯唑草酮(苞卫)、2,4-D丁酯、硝磺草酮(甲基磺草酮、磺草酮)、克无踪(百草枯)等。

1) 烟嘧磺隆(玉农乐)

属磺酰脲类内吸传导型、选择性除草剂。可被茎叶和根吸收并迅速传导,通过抑制植物体内乙酰乳酸合成酶的活性,阻止支链氨基酸的合成,进而阻止细胞分裂,使敏感植物停止生长。一般药后3~4天杂草可出现药害症状。烟嘧磺隆不但有好的茎叶处理活性,而且有土壤封闭作用。主要防除一年生及多年生阔叶杂草。

玉米苗后3~5叶期,一年生杂草2~4叶期,多年生杂草6叶期以前,多数杂草出齐时,4%烟嘧磺隆用量0.9~1.5升/公顷,兑水450~600升均匀喷雾。尽量在玉米5叶期前施用,5叶期后易产生药害,施药时如遇高温也易发生药害。喷雾时,喷头要低,将药液均匀喷到杂草茎叶上。落到土壤表面的药剂,还有一定封闭除草作用。该药对后茬作物有药害,下茬可种玉米、大豆、小麦。用有效成分60克/公顷,需间隔18个月才能种甜菜、油菜、马铃薯、向日葵、亚麻、高粱;需间隔12个月才能种水稻、花生。种植菠菜、小白菜等也有药害。

注意:长期干旱、低温、空气湿度低于65%时不宜施药。不同玉米品种对烟嘧磺隆敏感性不同。其安全性顺序为马齿型>硬质型>爆裂玉米>甜玉米。甜玉米、爆裂玉米勿用。玉米2叶以前、10叶以后对该药敏感。用过有机磷类药剂后,要间隔7天以上才能用烟嘧磺隆。

2)辛酰溴苯腈

为选择性、触杀型苗后茎叶处理除草剂,主要通过叶片吸收,在植物体内进行极有限的传导,通过抑制光合作用的各个过程,包括抑制光合磷酸化反应和电子传递,特别是光合作用的希尔反应,使植物组织迅速坏死,从而达到杀草目的,气温较高时加速叶片枯死。可用于玉米、高粱、亚麻、小麦、大麦、黑麦等作物田,防除藜、苋、蓼、龙葵、麦瓶草、苍耳、猪毛菜、田旋花、荞麦蔓等一年阔叶杂草。在玉米2~8叶期、阔叶杂草2~4叶期,用量25%辛酰溴苯腈乳油1.8~2.25升/公顷,兑水450~600千克,茎叶喷雾。

注意勿在高温天气,或气温低于8℃,或在近期内有严重霜冻的情况下用药,施药后需6小时内无雨;不宜与碱性农药混用,不能与肥料混用。

3)苯唑草酮(苞卫)

可被杂草的根系和地下部分吸收,并在植物体内向上、向下传导,作用速度快,施药后,杂草2~3天内开始退绿、白化,白化组织逐渐坏死,杂草通常在用药14天后死亡。为羟基苯基丙酮酸酯双氧化酶抑制剂(HPPD),安全性好,对几乎所有类型的玉米具有良好的选择性,包括常规玉米、甜玉米、糯玉米、爆裂玉米等。能在玉米苗后所有生长时期使用,一般玉米2~4叶期,杂草2~5叶期进行苗后茎叶处理,33.6%苯唑草酮SC用量120~150毫升/公顷,兑水量225~450升/公顷。属广谱性苗后除草剂,能有效防除玉米田一年生禾本科和阔叶杂草,对阔叶杂草的持留活性高于禾本科杂草,能与有机磷、氨基甲酸酯类农药混用,不影响药效。与其他除草剂也有良好的兼容性(如二甲戊灵、麦草畏、三嗪类除草剂)。

4)2,4-D丁酯

玉米苗后4~6叶期,72%2,4-D丁酯乳油用量600~

900毫升/公顷，对水300千克左右进行茎叶喷雾。注意施药时期早于4叶期或晚于6叶期均敏感，有药害。

5) 克无踪 (百草枯)

为联吡啶盐类触杀型、灭生性除草剂。施药后，联吡啶阳离子迅速被植物茎、叶吸收，使光合作用和叶绿素合成很快终止。晴天时，施药后15分钟即可发生作用，0.5小时后即开始显效，2～3小时杂草即开始变色萎蔫，1～2天杂草即可枯萎死亡，特别是在气候条件较差时表现更为突出。药剂与土壤接触即快速被土壤吸附钝化，失去活性，不能破坏植物的根部，下茬作物无论种什么都不会出现药害问题，也不能穿透成熟的、木栓化的棕色树皮、蔓藤。药后1小时遇雨不影响药效。

玉米6叶期以后的各个时期均可施药（最佳施药期为玉米封垄前，杂草15厘米以下），在杂草10～15厘米高时施药，能迅速杀灭一年生禾本科和阔叶杂草的地上部分，以及种子繁殖的多年生杂草的地上部分。一年生杂草地下部分失去养分供应而逐渐萎蔫死亡。在杂草根系缓慢死亡的过程中，仍具有很强的固土能力。

在玉米苗高40～60厘米时，20%克无踪水剂1500～3000毫升/公顷，兑水375～750升/公顷，喷头带防护罩，采用低压力、大雾滴，对玉米行间及株间杂草进行定向喷雾。

注意选无风天施药，避免药液飘移到邻近作物上。田间杂草大、密度高时用高量药。

2. 混剂

硝磺·莠去津（耕杰）、磺酮·莠（福分）、噻·莠、烟嘧·莠等。

3. 混用配方

4%烟嘧磺隆0.9升/公顷＋38%莠去津1.5升/公顷。

4%烟嘧磺隆0.9升/公顷+2,4-D丁酯0.3升/公顷。

55%硝横·莠去津1.5~1.875升/公顷+精异丙甲草胺1.5~1.8升/公顷。

55%硝磺·莠去津1.5升/公顷+4%烟嘧磺隆0.5升/公顷+2,4-D丁酯25毫升/公顷。

30%苯唑草酮75毫升/公顷+90%莠去津1050毫升/公顷。

30%苯唑草酮150毫升/公顷+2,4-D丁酯300毫升/公顷。

烟嘧磺隆+2,4-D丁酯+乙草胺+溴苯腈。

硝磺草酮+2甲4氯+2,4-D丁酯。

硝磺草酮+烟嘧磺隆+莠去津。

模块五 穗期生产管理

玉米穗期是指从拔节至抽雄期,这一时期生育特点是营养生长与生殖生长同时并进,干物质生产90%左右用于营养器官,10%左右用于生殖器官的幼穗分化和形成。茎叶生长旺盛、雄穗、雌穗已先后开始分化。该时期是玉米一生中生长最快的时期,需肥需水临界期,在保证肥水需求的条件下,并采用化学方法制控(玉米健壮素等)措施,协调好营养生长和生殖生长的矛盾,确保中期稳健生长,既有较大的绿色光合面积,又有供给生殖生长的"养源"。主攻目标为控秆、促穗、植株健壮,为穗大粒多奠定基础。玉米中低产区,应加强肥水管理,促进健壮生长,防止生育后期脱肥;玉米高产区、防止肥水供应过多,造成徒长,贪青晚熟。丰产长相是植株敦实粗壮,根系发达,气生根多,基部节间短,叶片宽厚,叶色浓绿,上部叶片生长集中,迅速形成大喇叭口,雌雄穗发育良好。

因此,合理运用肥水管理,来满足营养生长和生殖生长的需要,并使其协调发展使玉米获得高产。

第一节 玉米的茎和叶

一、茎

(一)茎的形态及生长

玉米的茎秆比其他禾谷类作物粗壮、高大。植株高矮与品种、土壤、气候和栽培条件有密切关系。一般晚熟品种，水肥条件好，气温高，则茎秆生长高大；反之，茎秆生长矮小。在生产上，通常把玉米株高分为3种类型：株高低于2米者为矮秆型；2～2.7米的为中秆型；2.7米以上者为高秆型。一般矮秆的生育期短，单株产量较低，高秆的生育期较长，单株产量较高。植株高度是决定密植范围的重要因素之一。

玉米茎秆上有许多节，每节着生1片叶子。通常一株玉米的地上部有8～20节，地下部有密集的3～5个节。节数的多少，因品种和种植时期而异。节与节之间称为节间。节间的长度由基部到顶端渐次加长，以最上面的一个节间最长，也有一些是中部的节间比上部和下部的长。节间的粗度从下到上逐渐减小。

茎秆的节数在拔节以前就全部分化完成，拔节期开始伸长加粗，各节间伸长的顺序是自下而上进行的。实践证明，凡是靠近地面节间粗短的，根系发育良好，抗风力强，不易倒伏。反之，节间细长，根系发育差，抗风力弱，容易倒伏。因此，基部节间长短粗细，是鉴定植株根系发育和栽培技术的标志。在玉米茎秆显著伸长以前，适当控制肥水，进行蹲苗，促使靠近地面的节间生长粗壮敦实，可防止倒伏，并能获得高产。

玉米茎秆多汁，髓部充实而疏松，富含水分和营养物质。

玉米茎秆上有腋芽，下部茎节上的腋芽长成的侧枝称为分蘖。分蘖的多少与品种类型和水肥条件有关。一般甜质型、硬粒型玉米分蘖多。同一品种在土壤肥沃，水分充足，密度稀时分蘖也多。分蘖一般不结果穗，应早除掉，以免消耗养分，但对饲用玉米或分蘖具有结实特性的玉米，则应保留。

（二）茎的功能

（1）支持作用。茎能支持叶片，使之在空中均匀分布，便于吸收阳光和二氧化碳,更好地进行光合作用。

(2)输导作用。玉米茎秆中的维管束是植株的根与叶、花、果穗之间的运输管道,担负着水分和养分的运输工作。

(3)储藏作用。茎秆可以把养分储存起来,到生长后期再将其转运到籽粒中去。空秆的玉米特别甜,就是其内部储藏了糖分的缘故。

(三)影响茎秆生长的因素

(1)温度。玉米茎秆生长速度与温度有关。茎生长的最适宜温度为24~28℃,比根部高5℃左右,若低于10~12℃时,茎秆基本停止生长。在12℃以上,茎秆生长速度随温度的升高而加快,温度达到30℃时,茎秆生长速度最快,温度继续升高,生长速度则逐渐降低。温度高时,生长速度虽快,但植株节间细长,机械组织不发达,生长不健壮,容易倒伏。

(2)施肥。玉米在施用数量充足、比例适当氮、磷、钾肥料时,茎秆生长健壮。如果土壤氮磷丰富而严重缺钾时,玉米茎秆基部节间易碎裂,导致倒伏。当土壤严重缺磷时,植株往往表现短缩。

(3)光照。玉米对光温比较敏感。增加每日光照时数会延长营养生长期,推迟雄穗分化进程,使茎节增多,节间延长,植株高大,因此光周期和光照强度对茎秆的生长影响甚大,特别是光照强度对光合产物的数量影响更为明显。所以,在强光下生长的玉米,茎秆粗壮;光照弱,不仅光合产物减少,而且植株互相争光,茎秆细胞迅速伸长,使节间变长变细,容易倒伏。

(4)水分。水分对玉米茎秆的生长有间接和直接作用。天气干旱,植株含水量减少,光合能力降低,供给茎秆生长的有机物质减少,间接影响生长速度,使植株矮小。水分多少直接影响茎尖和居间分生组织的生长活动。如果水分充足,细胞体积大,节间生长速度快,所以玉米拔节至抽雄期间灌水,对茎秆生长有明显的促进作用。此时遇旱,茎秆生长缓慢,甚至抽不出雄穗。

二、叶

(一)叶的形态结构

玉米的叶分完全叶和不完全叶两类。胚芽鞘、果穗的苞叶、盾片等均属不完全叶。完全叶着生在茎秆的节上,互生并呈两行排列,叶片宽大,主脉突出,第一叶顶端钝圆,其他叶则尖。完全叶由叶片、叶鞘和叶舌三部分组成。

(1)叶片。由表皮、叶肉和维管束构成。表皮分上表皮和下表皮,其上布满许多气孔,每平方厘米的叶面积上,平均有17000个气孔,一株中等大小的玉米,气孔多达1亿个以上。气孔有自动调节开闭的功能,天旱气孔关闭,可减少水分蒸腾。另外,叶片上表皮还有一些特殊的大型运动细胞,其细胞壁很薄,液泡较大,水分充足时运动细胞吸收膨大,可使叶面保持平展状态;天气干旱,运动细胞内水分减少,使体积缩小,叶片即向上卷成筒状,以减少叶的蒸腾面积,降低蒸腾强度,所以玉米有较强的忍耐大气干旱的能力。

叶肉在表皮内,由薄壁细胞组成,叶肉维管束有特别发达的维管束鞘,维管束鞘细胞内含有许多特殊化的叶绿体,这是玉米等C4植物与C3植物相区别的重要特征。叶绿体内含叶绿素,它是制造有机物质的重要器官。叶脉和维管束组织,是叶内水分、养分运输的管道。

(2)叶鞘。玉米的叶鞘肥厚、坚韧,紧包节间,有加固保护茎秆和储存养分的作用。

(3)叶舌。着生于叶片和叶鞘的交接处,为一无色薄膜,紧贴茎秆,有防止雨水、病虫侵染茎秆的作用。

另外,叶片和叶鞘的交接处,有大量皱纹的部分叫叶环。叶鞘基部的环状膨大部分叫叶节,有使茎秆恢复直立的作用。

为了便于研究和生产上的应用,根据叶片抽出的状况,又可将叶片分为可见叶和展开叶。叶片抽出1厘米以上为可见叶。叶片完全抽出,并基部充分展开为展开叶。利用展开叶数计算出的叶龄指数,即玉米某一生育时期的展开叶数除以该品种总叶片数乘100所得的数值是推断玉米器官生育时期和进行田间管理的重要指标。

$$叶龄指数 = \frac{展开叶数}{主茎总叶片数} \times 100$$

玉米叶片多数为绿色,亦有少数呈紫、淡黄等颜色的。

玉米叶片长大,一般70~110厘米,宽6~12厘米。叶片中央是一条主脉(中脉),主脉两侧平行分布许多侧脉。玉米叶片边缘呈波浪皱褶状,这是因为叶子边缘薄壁细胞比叶子中部的薄壁细胞生长快造成的。波浪状的皱褶可起缓冲作用,避免风害折断叶子。

玉米最初的5~6片叶是在种子胚胎发育时形成的,故称胚叶。这些叶片表面光滑不具茸毛,可作为判断玉米叶位的一个指标。

(二)叶的生长

玉米最初的3片叶生长主要靠种子中储藏的营养物质,所以出现较快,一天长出1片叶。生长第4~6片叶时,种子内养分已经消耗殆尽,此时根系尚弱,吸收能力差,加之叶面积增大和次生根发育需消耗养分,所以叶片出现较缓慢,大约每隔3~5天才出现一片。生长第7~12片叶时,根系已相当发

模块五　穗期生产管理

达,叶子也较多,吸收和制造营养物质的能力有所加强,叶子的出现再次加快,每隔1~2天出现一片叶。第13片叶以后,生殖器官旺盛生长,叶子出现速度再次变慢,每隔3~5天出现一片。

在叶龄指数为60时,即大喇叭口期左右,所有叶片的面积大小已经确定,因此要使玉米中上部叶片长的宽大一些,就必须在大喇叭口期以前拔节期以后加强管理。

(三)叶片的功能

(1)光合作用。在光照条件下,绿叶能把植株吸收来的水分和二氧化碳合成有机物质。因此,玉米叶片数目的多少、大小和节位高低,都与产量密切相关。一般单株叶面积越大,穗粒重越高。在一定范围内,叶面积指数越大,亩产越高。

不同节位叶片,出生早晚不同,在玉米生长中作用也不同,按其功能,可将玉米整株叶片划分为根叶组、茎叶组和穗粒叶组三组。每组叶片数各占全株叶片总数的1/3左右。了解不同叶组生理功能,可根据叶组伸展进程,判断玉米生育阶段,掌握生长中心,并从生长中心着眼,从供长中心入手,采取有效措施,促控不同叶组叶片和生长中心器官,实现科学管理,获得高产。

玉米穗位及其上下叶称为棒三叶。由于棒三叶中叶绿素含量最高,光合能力强,对籽粒贡献最大。因此,玉米生产中应特别注意棒三叶不受损害,以免降低产量。

(2)蒸腾作用。玉米主要依靠叶片表皮气孔与外界进行气体交换,同时蒸腾散发出植株体内的水分,降低植株叶面的温度,防止高温伤害叶部组织。

(3)吸收作用。叶片的气孔和表皮细胞还能吸收溶液状态的矿质元素,这是根外追肥的理论依据。

(四)影响叶片生长的因素

(1)光照。光周期和光照强度对玉米叶片数量和大小都有影响。据研究,光照时数由 16 小时缩短到 10 小时,平均单株叶数减少 2.2 片,而且温度越高,影响越大。叶数越多的品种,受光周期和温度的影响越大,这是因为玉米在短日照条件下,营养生长期缩短,雄穗分化相应提前的结果。光周期对叶数发生作用的时间是播种到雄穗开始分化期。

(2)温度。温度是影响玉米叶数、出生和生长速度以及叶片大小的另一个重要因素。玉米苗期的生长点总处于土壤表层,叶子出现速度主要受地温的影响,当茎秆伸出地面以上时,则主要受气温影响。苗期一般随着气温的升高,细胞分裂速度加快,叶原基形成的间隔期缩短,叶出生的速度加快,叶数增多。但超过了 32℃,叶子生长速度反而变慢。

(3)施肥。施肥是生产上用来促控叶片生长的重要手段之一。在一般情况下,施肥主要影响叶面积的大小和功能期的长短,而对叶数影响不大。增施基肥,适施种肥能显著增加叶片的长度和宽度,从而扩大叶面积。施用种肥,各叶面积都会受到明显的促进,特别是对中部叶片促进作用更大。同时早追肥也能显著扩大植株中、上部叶面积。

(4)水分。水分的多少对叶片的生长、寿命和功能都有显著影响。水分充足,不仅叶片光合强度高,而且寿命长,光合势也高。干旱时,光合能力降低,严重干旱时,叶片内物质分解代谢旺盛,会使叶片早衰枯黄;特别是抽雄后,单株叶面积大,蒸腾量增多,有时土壤虽然不十分干旱,也往往由于植株失水过多,使叶片早衰,籽粒产量降低。

第二节 穗期田间管理

一、除蘖（打桠子）

玉米拔节前后常有大量的分蘖发生，为减少养分消耗，促进玉米个体植株良好生育，使主茎有良好的生育环境，应随时检查，发现分蘖，及时去除。玉米拔节前，茎秆基部可以长出分蘖，但分蘖量少，既与品种特性有关，也和环境条件有密切的关系。一般当土壤肥沃，水肥充足，稀植早播时，其分蘖多，生长亦快。由于分蘖比主茎形成晚，不结穗或结穗小，且晚熟，并且与主茎争夺养分和水分，应及时除掉，否则影响主茎的生长与发育。因此，必须随时检查发现分蘖立即除掉。

饲用玉米多具有分蘖结实特性，保留分蘖，以提高饲料产量和籽粒产量。

二、中耕培土

中耕培土可以翻压杂草、提高地温，增厚玉米根部土层，既有利于气生根生成和伸展，防止玉米倒伏，也有利于灌水、排水。

三、叶面喷肥及植物生长调节剂使用

（1）叶面喷肥。玉米生育中后期，为延长功能叶片生育，防止后期脱肥，加速灌浆，增加粒重，促进早熟，可进行叶面喷肥。

喷施磷酸二氢钾此项措施是增磷钾的补救措施。一般浓度为 $0.05\%\sim0.30\%$，可在玉米拔节至抽丝期，于叶面喷施。

喷施锌肥：播种时没有施锌肥，而玉米生育过程中又出现

缺锌症时，可用浓度0.2%～0.3%的硫酸锌溶液，每公顷用量375～480千克，或1%的氨基酸锌肥（锌宝），喷叶面肥时可同时加入增产菌，每公顷用量0.15千克。

喷施叶面宝：叶面宝是一种新型广普叶面喷洒生长剂。其主要成分$N \geqslant 1\%$，$P_2O_5 \geqslant 7\%$，$K_2O \geqslant 2.5\%$，可在玉米开花前进行叶面喷施，每公顷用量75毫升，加水900千克，此法能促进玉米提早成熟7天左右，增产13%，且有增强抗病能力与改善籽实品质的作用。

喷施化肥：用磷酸二铵1千克，加50千克水浸泡12～14小时，（每小时搅拌1次），取上层清液加尿素1千克充分溶解后喷施，每公顷喷肥液450千克。

(2)植物生长调节剂。可促进玉米加快发育和提高灌浆速度，缩短灌浆时间，促进早熟。使用生长调节剂的种类，可因地制宜，根据当地习惯及使用后效果和经济效益灵活应用。

玉米健壮素：玉米健壮素是一种植物生长调节剂的复配剂，它具有被植物叶片吸收，进入体内调节生理功能，使叶形直立，且短而宽，叶片增厚，叶色深，株形矮健节间短，根系发达，气生根多，发育加快，提早成熟，增产16%～35%。喷药适期，植株叶龄指数50～60（即玉米大喇叭口后，雄穗快抽出前这段时间），每公顷15支（每支30毫升）兑水225～300千克，喷于玉米植株上部叶片。玉米健壮素不能与其他农药化肥混合喷施，防止药剂失效。喷药6小时后，下小雨不需重喷，喷药后4小时内遇大雨，可重新喷，药量减半。

乙烯利：用乙烯利处理后的玉米株高和穗位高度降低，生育后期叶色浓绿，延长叶片功能期可提高产量，增产8.4%～18.5%。用药浓度为800微升/升，喷洒时期以叶龄指数65为宜。

第三节　防治病虫害

此期主要是黏虫、玉米螟和玉米瘤黑粉病、大小斑病等危害。因此，本着治早、治小、治了的原则搞好预测预报，抓住心叶末期及时防治。

黏虫防治主要在幼虫 3 龄以前，选用菊酯、有机磷类等杀虫剂喷雾防治。

玉米螟卵孵化初盛期释放赤眼蜂防治卵，玉米心叶末期（即从抽雄穗 2％～3％开始）撒施颗粒剂防治幼虫。

玉米瘤黑粉病的防治要彻底清除田间病残体，收获后及时翻地等以减少菌源。与非禾本科作物轮作 2～3 年。应及时摘除病瘤携出田外销毁。

玉米大斑病的防治策略应以种植抗病品种为主，加强农业防治，辅以必要的药剂防治。常用药剂如 50％多菌灵、50％甲基硫菌灵、75％百菌清、25％粉锈宁（三唑酮）、40％克瘟散、农抗 120（抗霉菌素）、10％世高、70％代森锰锌、70％可杀得、50％扑海因、新星、40％克瘟散等喷雾防治。

玉米小斑病防治策略以种植抗病品种为基础，加强栽培管理、减少菌源，适时进行药剂防治的综合防治措施。可用 50％多菌灵 500 倍液、75％百菌清 400～500 倍液等。还可用 40％克瘟散、50％退菌特、50％敌菌灵和 25％粉锈宁等药剂喷雾防治。

第四节　玉米拔节孕穗期灌水

玉米拔节以后雌穗开始分化，茎叶生长迅速，开始积累大量干物质，叶面蒸腾也在逐渐增大，要求有充足的水分和养分。这一时期应该使土壤田间持水量保持在70%以上，使玉米群体形成适宜的绿色叶面积，提高光合生产率，生产更多的干物质。据试验，春玉米生长时间占全生育期的20%左右，需水量占总耗水量的25%左右。由于拔节孕穗期耗水量的增加，这个阶段的降水量往往不能满足玉米需水的要求，进行人工灌溉是解决需水矛盾获得增产的重要措施。抽雄以前半个月左右，正是雌穗的小穗、小花分化时期，要求较多的水分，遭适时适量灌溉，可使茎叶生长茂盛，加速雌雄穗分花进程，如天气干旱出现了"卡脖旱"，会使雄穗不能抽出或使雌、雄穗出现的时间间隔延长，不能正常授粉，这对于玉米产量会产生严重影响。

模块六　花粒期生产管理

花粒期是指从开花至成熟玉米生育后期的田间管理。玉米从抽雄至成熟这一段时间，称为花粒期阶段。这一阶段的主要生育特点，就是基本上停止营养体的增长，而进入以生殖生长为中心的时期，也就是经过开花、受精进入以籽粒产量形成为中心的阶段。为此，这一阶段田间管理的中心任务，就是保护叶片不损伤、不早衰，争取粒多、粒重，达到丰产。

玉米抽穗开花时，根、茎、叶生长基本结束，植株进入以开花授粉，受精结实和籽粒生长建成为主的生殖生长阶段。干物质生产全部用于生殖生长，干物质积累速度逐渐降低，该时期的关键是保持较大的绿色光合面积，防止脱肥早衰，保持根系旺盛的代谢活力，增强吸肥、吸水能力，即地下部根系活而不死。地上部保持青秆绿叶，提高光合作用能力，供给"库"的需要。同时使"流"的功能增强，使"源"（叶、茎、鞘）储藏质流畅地运往"库"，确保粒多、粒饱，同时促进籽粒灌浆速度，在秋霜来临时安全成熟。主攻目标为防止茎叶早衰，保持秆青叶绿，促进籽粒灌浆，争取粒多粒重。丰产长相是单株健壮，群体整齐，植株青绿，穗大粒多，籽粒饱满，后期叶片保绿好。成熟中后期叶面积系数应维持在 3～4。

玉米高产栽培与病虫害防治新技术

第一节 生育特点与水肥管理

一、隔行去雄

促熟增产原因：去雄可减少雄穗养分消耗，满足雌穗生长发育对养分需要，从而增产。玉米是喜光作物，去雄后可以改善生育后期通风透光条件，有利于籽粒形成，此外还可以减轻玉米螟的危害。在玉米刚刚抽雄时，隔一行去一行或隔一株去一株雄穗，全田去雄1/2，有利于田间通风透光，节省养分，减少虫害，可增产5%～8%。

去雄时间及注意事项：在玉米雄穗刚抽出1/3，尚未散粉时进行。去雄过早，容易拔掉顶叶；过晚，如已开花散粉，失去作用。但去雄株数不要超过总数一半。边行2～3垄和小比例间作时不宜去雄，以免花粉不够影响授粉；高温、干旱或阴雨天较长时，不宜去雄；植株生育不整齐或缺株严重地块，不宜去雄，以免影响授粉。去雄时严防损伤功能叶片，折断茎叶。

去雄的方法：当雄穗从顶叶抽出1/3或1/2。在散粉前，隔行或隔株及时将雄穗拔除。最好将先抽雄的植株或弱株、虫株的雄花去掉，但地边几行不要去雄，以免影响授粉，去雄时切忌损伤顶端叶片，更不能砍掉果穗以上的茎叶，否则造成减产。

二、放秋垄

放秋垄可铲去杂草，减少水分和养分消耗，防止杂草结实，减少来年地里的杂草。疏松土壤，提高地温，旱时保墒，涝时散墒。其作用集中表现在促熟增产。一般8月上、中旬玉米灌浆期进行，要浅铲，不伤根和严防茎叶折断。

三、站秆扒皮晾晒

玉米蜡熟中期，籽粒有硬盖。用手掐不冒浆时进行。过早影响灌浆，过晚籽粒脱水，效果不良。

四、防止后期早衰

玉米后期早衰与品种、气候、栽培管理、病虫害等密切相关。近年来，新疆南北疆玉米种植区普遍发生，应根据具体情况，如合理运用水肥，防治病虫害等措施，尽力防止早衰，延长玉米后期叶片功能期，达到高产稳产的目的。

五、防止倒伏

倒伏多由密度太大，光照、根系发育不良，品种抗倒性差，水肥管理不当，病虫害危害等原因造成。中后期倒伏对产量影响较大，应尽量避免或减轻。防止玉米倒伏主要有采用抗倒品种，合理密植，优化水肥管理，开沟培土，化控处理等措施。

六、补施花粒肥

花粒肥能够防止玉米脱肥早衰，保持叶片功能旺盛。根据玉米生长情况，如后期脱肥，可采用人工补施速效氮肥5～10千克；采用滴灌和自压软管灌的地块可随水追施喷滴灌专用肥5～10千克。

七、玉米的需水规律及灌溉方式

（一）玉米的需水规律

玉米全生育期每公顷需水量为3000～5400立方米，而不同生育时期对水分的要求不同,由于不同生育时期的植株大小和田间覆盖状况不同,叶面蒸腾量和棵间蒸发量的比例变化很大。生育前期植株矮小,地面覆盖不严,田间水分的消耗主要是棵间蒸发,生育中、后期植株较大,由于封行,地面覆盖较好,土壤水分的消耗则以叶面蒸腾为主。在整个生育过程中,应尽量减少棵间蒸发,以减少土壤水分的无益消耗。玉米整个生育期内,水分的消耗因土壤、气候条件和栽培技术有很大的变动。

1. 播种出苗期

玉米从播种发芽到出苗,需水量少,占总需水量的3.1%~6.1%。玉米播种后,需要吸取本身绝对干重的48%~50%的水分,才能膨胀发芽。如果土壤墒情不好,即使勉强膨胀发芽,也往往因顶土出苗力弱而造成严重缺苗;如果土壤水分过多,通气性不良,种子容易霉烂也会造成缺苗,在低温情况下更为严重。据陕西省武功灌溉试验站试验结果,玉米播种期土壤田间持水量为41%,没有出苗;田间持水量为48%时,出苗率为10%;田间持水量为56%时,出苗率为60%;田间持水量为63%时,出苗率为90%;田间持水量为70%时,出苗率高达97%;而土壤田间持水量为78%时,出苗率反而下降到90%。因此,播种时,耕层土壤必须保持在田间持水量的60%~70%,才能保证良好的出苗。

2. 幼苗期

玉米在出苗到拔节的幼苗期间,植株矮小,生长缓慢,叶面蒸腾量较少,所以耗水量也不大,占总需水量的15.6%~17.8%。这时的生长中心是根系,为了使根系发育良好,并向纵深伸展,必须保持在表土层疏松干燥和下层土比较湿润的状况,如果上层土壤水分过多,根系分布在耕作层之内反而不利于培育壮苗。因此，这一阶段应控制土壤水分在田间持水量的60%左右，可以为玉米蹲苗创造良好的条件，对促进根系发育，茎秆增粗，减轻倒伏和提高产量都起到一定作用。

3. 拔节孕穗期

玉米植株开始拔节以后，生长进入旺盛阶段。这个时期茎和叶的增长量很大，雌雄穗不断分化和形成，干物质积累增加。这一阶段是玉米由营养生长进入营养生长与生殖生长并进时期，植株各方面的生理活动机能逐渐加强；同时，这一时期气温还不断升高，叶面蒸腾强烈。因此，玉米对水分的要求比较高，占总需水量的 23.4%～29.6%。特别是抽雄前半个月左右，雄穗已经形成，雌穗正加速小穗、小花分化，对水分条件的要求更高。这时如果水分供应不足，就会引起小穗、小花数目减少，因而也就减少了果穗上籽粒的数量。同时还会造成"卡脖旱"，延迟抽雄授粉，降低结实率而影响产量。据试验，抽雄期因干旱而造成的减产可高达 20%，尤其是干旱造成植株较长时间萎蔫后，即使再浇水，也不能弥补产量的损失。因为水是光合作用重要原料之一，水分不足不但会影响有机物质的合成，而且干旱高温条件，能使植株体温升高，呼吸作用增强，反而消耗了已积累的养分。所以，浇水除了溶解肥料使于根部吸收保证养分运转外，还能加强植株的蒸腾作用，使体内热量随叶面蒸腾而散失，起到调节植株体温的作用。这一阶段土壤水分以保持田间持水量的 70%～80% 为宜。

4. 抽穗开花期

玉米抽穗开花期，对土壤水分十分敏感，如水分不足，气温升高，空气干燥，抽出的雄穗在两三天内就会"晒花"，甚至有的雄穗不能抽出，或抽出的时间延长，造成严重的减产，甚或颗粒无收。这一时期，玉米植株的新陈代谢最为旺盛，对水分的要求达到它一生的最高峰,称为玉米需水的"临界期"。这时需水量因抽穗到开花的时间短,所占总需水量的比率比较低,为2.8%~13.8%;但从每日每亩需水量的绝对值来说却很高,达到3.32~3.69立方米/亩。因此,这一阶段土壤水分以保持田间持水量的80%左右为最好。

5. 灌浆成熟期

玉米进入灌浆和蜡熟的生育后期时,仍然需要相当多的水分,才能满足生长发育的需要。这时需水量占总需水量的19.2%~31.5%,这期间是产量形成的主要阶段,需要有充足的水分作为溶媒,才能保证把茎、叶中所积累的营养物质顺利地运转到籽粒中去。所以,这时土壤水分状况比起生育前期更具有重要的生理意义。灌浆以后即进入成熟阶段,籽粒基本定型,植株细胞分裂和生理活动逐渐减弱,进入干燥脱水过程,但仍需要一定的水分,占总需水量的4%~10%来维持植株的生命,保证籽粒最终成熟。

(二)灌溉方式

随着科学技术的发展,自20世纪90年代以来,各地大力推广节水灌溉技术,以取代长期以来沿用的耗水较多的淹灌法和漫灌法。节水灌溉方法主要有畦灌、沟灌、管灌、喷灌和渗灌等。

1. 畦灌

畦灌是高产玉米采用最多的一种灌溉方法。它是利用渠沟将灌溉水引入田间,水分借重力和毛细管作用浸润土壤,渗入耕层,供玉米根系吸收利用。在自流灌溉区畦长为30~100米,宽要与农机具作业相适应,多为2~3米。畦灌区适宜地面坡降在0.001%~0.003%范围内。据试验,畦灌比漫灌(淹灌)节水30%左右;采用小畦灌溉比大畦灌溉节约用水

10%左右。

2. 沟灌

沟灌是在玉米行间开沟引水，通过毛细管作用浸润沟侧，渗至沟底土壤。沟灌适宜地面坡度为 0.003%～0.008%。沟宽 60～70 厘米，灌水沟长度 30～50 米，最多不超过 100 米。与畦灌相比，可以保持土壤结构，不形成土壤板结，减少田间蒸发，避免深层渗漏。

3. 管灌

管道灌溉是 20 世纪 90 年代大力推广的实用灌溉技术，主要用于井灌区。采用预制塑料软管在田间铺设暗管，将管子一端直接连在水泵的出水口，另一端延伸到玉米畦田远段，将灌溉水顺沟(垄)引入田间，减少畦灌的渠系渗漏。灌水时随时挪动管道的出水端头，边浇边退，适时适量灌溉，缩短灌水周期，有明显的节水、节能、节地的效果。

4. 喷灌

喷灌是利用专门的压力设备，将灌溉水通过田间管道和喷头喷向空中，使水分散成雾状细小水珠，类似于降雨散落在玉米叶片和地表。其优点：

(1)节约用水。喷灌不产生深层渗漏和地表径流，灌水均匀，并可根据玉米需水情况，灵活调节喷水强度，提高水分利用率。据试验，喷灌比地面灌溉节约用水 30%～50%，如果用在保水力差的砂质土壤，节约用水达 70%～80%，喷灌比畦灌也减少用水量 30%以上。

(2)省地保土。喷灌可以减少畦灌的地面沟渠设施，节约农地 10%；将化肥或农药溶于喷灌水滴，提高肥效和药效，还减轻劳动强度。喷灌可实施三无田(无埂、无渠、无沟)，土地利用率可提高到 97%，节水 55%～60%，提高肥料利用率

10%以上。

(3)移动方便。采用可移动式喷灌系统,喷头为中压或低压,体积较小,一般轻型移动喷灌机组动力为 2.2～5.0 千瓦,每小时流量为 12～20 立方米,控制灌溉面积 2～3 公顷。

(4)提高产量。喷灌调节农田小气候,改善光照、温度、空气和土壤水分状况,为玉米创造良好的生态环境。据吉林省农业科学院(1986)试验,高产玉米全生育期喷灌 3～5 次,每次每亩灌水 18～20 立方米,较地面灌溉节水 50～70 立方米,随着喷灌次数的增加,玉米的光合强度、灌浆速度以及产量性状均有所改善。

5. 渗灌

渗灌是迄今为止最节水的灌溉技术。它是在机械压力下,以橡塑共混渗水细管在田间移动,管壁上布满许多肉眼看不见的细小弯曲渗水微孔,在低压力(0.02 MPa)下,水分通过微孔缓慢渗入植物根区,为作物吸水利用。它的优点是节约水源,提高水分利用效率,比沟灌节水 50%～80%,比喷灌节水 40%;使用压力低,节约能耗,比畦灌节能 70%～80%,比喷灌节能 60%～83%;减少蒸发,保温性能好,并降低植物生长过程中空气湿度;充分利用水分和养分,疏松土壤,有利于植物生长。

八、水分管理

(1)玉米抽穗开花期灌水。玉米雄穗抽出后,茎叶增长即渐趋停止,进入开花、授粉、结实阶段。玉米抽穗开花期植株体内新陈代谢过程旺盛,对水分的反应极为敏感,加上气温高,空气干燥,使叶面积蒸腾和地面蒸发加大,需水达到最高峰。这一时期土壤田间持水量应保持在 75%～80%。春玉米抽穗开花约占全生育期的 10%,需水量却占总耗水量的

31.6%,一昼夜每亩要耗水 4 立方米。如果这一时期土壤墒情不好,天气干旱,就会缩短花粉的寿命,推迟雌穗吐丝的时间,授粉受精条件恶化,不孕花数量增加,甚至造成"晒花",导致严重减产。这时适时灌水,不但可以促进开花受精,减少秃顶缺粒,又可以促进大量气生根的生成,对提高玉米叶片光和强度,增加粒数、粒重,增强玉米抗倒伏能力,防止后期早衰都有重要作用。农谚"干花不灌,减产一半",说明了这时灌水的重要性。据调查,花期灌水一般增产幅度为 11%~29%,平均增产 12.5%。

(2)玉米成熟期灌水。玉米受精后,经过灌浆、乳熟、蜡熟达到完熟,从灌浆到乳熟末期仍是玉米需水的重要时期。这个时期干旱对产量的影响,仅次于抽雄期。因此,农民有"春旱不算旱,秋旱减一半"的谚语。这一时期田间持水量应该保持在 75%左右。玉米从灌浆起,茎叶积累的营养物质主要通过水分作媒介向籽粒中输送,需要大量水分,才能保证营养运转的顺利进行。玉米进入蜡熟期以后,由于气温逐渐下降,日照时间缩短,地面蒸发减弱,植株逐渐衰老,耗水量也逐渐减少。春玉米这阶段约占全生育期的 30%,需水量仅占总耗水量的 22%左右,一昼夜每亩耗水仅为 2~3 立方米。实践证明,这期间维持土壤水分在田间持水量的 70%,可避免植株的过早衰老枯黄,以保证养分源源不断向籽粒输送,使籽粒充实饱满,增加千粒重,达到高产的目的。据河北农业大学的研究,灌浆期灌水,进入果穗的养分较不灌水的增产 2.4 倍,一般产量可提高 10%左右。据试验,在缺水情况下,多灌一次灌浆水可使玉米增产 8%~10%,在干旱年份增产更为显著。

玉米高产栽培与病虫害防治新技术

第二节 预防玉米空秆、倒伏

空秆和倒伏是影响玉米产量的两个重要因素。空秆是指玉米植株未形成雌穗,或有雌穗不结籽粒。倒伏是指玉米茎秆节间折断或倾斜。空秆各地都有发生,一般在2%以上,严重的达20%～30%。倒伏也相当普遍,尤其在生长季节多暴风雨地区,更易引起倒伏。必须因地制宜地针对玉米空秆、倒伏发生的原因,采取预防措施。

一、空秆、倒伏的原因

玉米空秆的发生,除遗传原因外,与果穗发育时期、玉米体内缺乏碳糖等有机营养有关。因为形成雌穗所需的养分,大部分是通过光合作用合成的,当光照强度减弱,光合作用受到影响,合成的有机养分少,雌穗发育迟缓或停止发育,空秆增多。据各地调查,空秆的发生,是由于水肥不足、弱晚苗、病虫害、密度过大等造成的。这些情况直接或间接影响玉米体内营养物质的积累转化和分配而形成空秆。

玉米倒伏有茎倒、根倒及茎折断3种。茎倒是茎秆节间长细、植株过高及暴风雨造成,茎秆基部机械组织强度差,造成茎秆倾斜。根倒是根系发育不良,灌水及雨水过多,遇风引起倾斜度较大的倒伏。茎折断主要是抽雄前生长较快,茎秆组织嫩弱及病虫危害遇风而折断。

二、空秆、倒伏的防止途径

空秆、倒伏具有普遍原因,又有不同年份不同情况的特殊原因,因此要因地制宜地预防。根据其发生原因,主要防止途径如下:

(一)合理密植

玉米合理密植可充分利用光能和地力，群体内通风透光良好，是减少玉米空秆、倒伏的主要措施。采取大小垄种植，对改善群体内光照条件有一定作用，不仅空秆率降低，还可减少因光照不足造成单株根系少、分布浅、节间过长而引起的倒伏。

(二)合理供应肥水

适时适量地供应肥水，使雌穗的分化和发育获得充足的营养条件，并注意施足氮肥，配合磷、钾肥。从拔节到开花是雌穗分化建成和授粉受精的关键，肥水供应及时，促进雌穗的分化和正常结实，土壤肥力低的田块应增施肥料，着重前期重施追肥，土壤肥力高的田块应分期追，中后期重追，对防止空秆和倒伏有积极作用。苗期要注意蹲苗，促使根系下扎，基部茎节缩短；雨水过多的地区注意排涝通气。玉米抽雄前后各半个月期间需水较多，适时灌水，不仅可促进雌穗发育形成，而且缩短雌雄花的出现间隔，利于授粉结实，减少空秆。

(三)因地制宜，选用良种

选用适合当地自然条件和栽培条件的杂交种和优良品种。土质肥沃及栽培水平较高的土地，选用丰产性能较高的马齿型品种。土质瘠薄及栽培水平较低的土地，选用适应性强的硬粒型或半马齿种。多风地区，选用矮秆、基部节间短粗、根系强大等抗倒伏能力强的良种。

此外，要加强田间管理，控大苗促小苗，使苗整齐健壮。防治病虫害，进行人工授粉，也有降低空秆和防止倒伏的作用。

三、倒伏后的挽救措施

玉米在生育期间，遇到难以控制的暴风袭击，引起倒伏，为了减轻损失必须进行挽救。在抽雄前后倒伏，植株互相压盖，难以自然恢复直立，应在倒伏后及时扶起，以减少损失。但扶起必须及时，并要边扶边培土边追肥。如在拔节后倒伏，自身有恢复直立能力，不必用人工扶起。

四、防虫防鼠

玉米后期主要是蚜虫危害，应及时用40%乐果1000倍液喷雾防治；防鼠可用磷化锌，敌鼠钠盐等，使用方法：磷化锌毒饵，每40克磷化锌拌饵料（玉米等）1千克加少量香油，混合均匀撒在老鼠经常活动的地方。敌鼠钠盐毒饵，采用1%敌鼠钠盐1份拌20～30份饵料并加少量动、植物油，连续投放2～3天。

第三节 穗期主要病虫草防治

一、穗期主要病害防治

（一）玉米大斑病

玉米大斑病是玉米的重要病害之一，世界各玉米产区分布较广，为害较重。大发生年份，一般减产15%～20%，严重时减产50%。

我国在1899年就有记载，主要分布在北方玉米产区和南方玉米产区的冷凉山区。

黑龙江省是我国重要的北方早熟春玉米区，玉米面积

273万公顷。近几年全省发病比较轻,但还是有逐年加重的趋势。

1. 症状

玉米整个生育期均可发病。自然条件下由于存在阶段抗病性,苗期很少发病,到玉米生长后期,尤其是在抽雄后发病逐渐加重。

主要危害叶片,严重时也可危害叶鞘、苞叶和籽粒,也可危害果穗,叶片上病斑沿叶脉扩展,黄褐色或灰褐色,梭形大斑(长度为10厘米左右),病斑中间颜色较浅、边缘较深。潮湿时,病斑表面密生灰黑色霉层(见图6-1)。

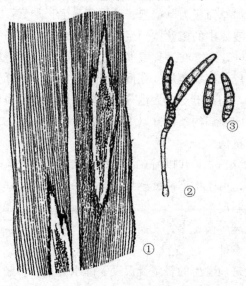

图6-1　玉米大斑病
①病叶　②分生孢子梗及分生孢子　③分生孢子

2. 病原

有性态是大斑刚毛座腔菌,属子囊菌亚门座囊菌目毛球腔菌属。无性态是玉米大斑凸脐蠕孢,半知菌亚门,凸脐螺孢属。分生孢子梗多从气孔伸出,单生或2~6根丛生,不分枝,直立或屈膝状,具隔膜。分生孢子梭形。脐点明显凸出于基细胞向外伸出,孢子2~8隔膜,萌发时两端产生芽管。

大斑病菌分为玉米专化型和高粱专化型。分别对玉米和高粱表现专化致病性。玉米专化型中存在不同的生理小种,我国有1号小种和2号小种。

3. 发病规律

病菌以菌丝体或分生孢子在病株残体上越冬,成为第二年的初次侵染来源。种子和堆肥也可带菌。越冬期间的分生孢子,细胞壁加厚而成为厚壁孢子。在玉米生长季节,越冬的分生孢子或病残体中的菌丝体产生的分生孢子随雨水飞溅或气流传播到玉米叶片上。在适宜湿度下,分生孢子萌发,从寄主表皮细胞直接侵入,少数从气孔侵入。潮湿条件下,分生孢子梗从气孔伸出,病斑上产生大量分生孢子,随风雨传播进行多次再侵染。影响发病的条件有以下几点:

1)品种抗病

从20世纪60年代以后在我国许多地区玉米大斑病的发生与流行主要是由于推广高度感病的自交系造成的。

2)轮作制度

连作地越冬菌源多,发病比轮作地严重。

3)气象条件

玉米大斑病发生的轻重受温度、降水等条件影响很大,其发生的早晚与雨期迟早也有关系。在具有足够菌量和种植感病品种时,发病程度主要取决于温度和雨水。一般7~8月温度偏低,多雨高湿,光照不足,大斑病易发生和流行。

4)栽培条件

间作、单作等不同栽培条件;秋翻地。

4. 病害控制

我国玉米大斑病的流行为害,是20世纪60年代后期推广感病杂交种引起的。该病的防治策略应以种植抗病品种为主,加强农业防治,辅以必要的药剂防治。

1)种植抗病品种

种植抗病品种是生产上最经济有效的防病措施。目前黑龙江省生产上常用的抗病品种主要有绥玉8、绥玉4、吉单101、吉单131、本玉9号、四单8等。

2)加强栽培管理

实行2年以上轮作。玉米收获后,彻底清除田间秸秆,集中烧毁;深翻,将秸秆埋入土中,加速病菌分解。以玉米秸秆为燃料的地方,尽可能在玉米播种前将玉米秸烧完。适期早播可使玉米提早抽雄,错过夏季7~8月的多雨天气,尤其对夏玉米防病和增产具有明显作用。适期播种、合理密植以降低田间湿度,增施有机肥,施足基肥,适时追肥,适时中耕松土,摘除底部2~3片叶,降低田间相对湿度,提高植株抗病力。

3)药剂防治

在心叶末期到抽雄期或发病初期用药,常用药剂:50%多菌灵 WP 500倍液、50%甲基硫菌灵 WP 600倍液、75%百菌清 WP 800倍液、25%粉锈宁(三唑酮)WP 1000倍液,或1.5千克/公顷兑水喷雾、40%克瘟散 EC 800~1000倍液、农抗120(抗霉菌素)水剂200倍液等。一般7~10天防治一次,连续防治2~3次,喷液量1500千克/公顷。此外还可选择10%世高、70%代森锰锌、70%可杀得、50%扑海因、新星、40%克瘟散等。

(二)玉米小斑病

玉米小斑病在世界各玉米产区普遍发生。1970年美国玉米小斑病大流行，减产165亿千克，损失约10亿美元。该病害在我国早有发生的记载，过去只在玉米生长后期多雨年份发生较重，很少引起重视。20世纪60年代以后，由于推广的杂交品种感病，小斑病的危害日益加重，成为玉米生产上重要病害之一。主要分布在黄河和长江流域，以夏播玉米和春、夏混播玉米地区受害较严重，春玉米地区发生较轻。

1. 症状

从苗期到成株期均可发生，苗期发病较轻，抽雄后发病较重。主要危害叶片，严重时也可危害叶鞘、苞叶、果穗和籽粒。

叶片发病常从下部叶片开始，逐渐向上蔓延。病斑初期呈水浸状，后变黄褐色，边缘深褐色，有时病斑上有2～3个同心轮纹。病斑呈椭圆或纺锤形。病斑密集时连片融合，致使叶片枯死。多雨潮湿时病斑上有灰黑色霉层。

叶片上病斑因小种和玉米细胞质不同，有3种类型：①病斑椭圆形或长椭圆形，黄褐色，边缘深褐色，病斑的扩展受叶脉限制。②病斑椭圆形或纺锤形，灰色或黄色，无明显边缘，有时病斑上出现轮纹，病斑扩展不受叶脉限制。③病斑为黄褐色坏死小斑点，周围具黄褐色晕圈，病斑一般不扩展（见图6-2）。

2. 病原

无性态为半知菌亚门平脐蠕孢属的玉蜀黍平脐螺孢。分生孢子梗单根或2～3根从叶片气孔或表皮细胞间隙伸出，直立或屈膝状，不分枝，褐色至暗绿色，具分隔。分生孢子长椭圆形至梭形，褐色，朝一方弯曲，中间最粗，两端渐细脐点不外伸。分生孢子萌发时每个细胞均可长出芽管。

有性态为子囊菌亚门、旋孢腔菌属的异旋孢腔菌。

模块六 花粒期生产管理

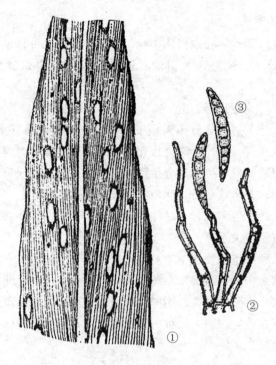

图 6-2 玉米小斑病
①病叶 ②分生孢子梗及分生孢子 ③分生孢子

玉米小斑病菌存在小种分化现象，主要分为 T 小种、C 小种和 O 小种。T 小种和 C 小种具专化性，分别对雄性不育的 T 型细胞质和 C 型细胞质玉米具有强毒力。病菌小种产生大量专化性的致病毒素，毒素也是专化的。O 小种专化性很小或没有专化性。产生少量毒素，毒素亦不具专化性，主要侵染叶片。目前，我国 O 小种出现频率高，分布广，为优势小种。自然条件下还可以侵染高粱。人工接种可以侵染大麦、小麦、燕麦、苏丹草、水稻、白茅、狗尾草、黑麦草、虎尾草、马唐、纤毛鹅观草等。

3. 发病规律

主要以菌丝体在病残体中越冬，分生孢子也可越冬，但存活率很低。初侵染源为田间、地头或玉米垛中未腐解的病残体。

翌年，温湿度条件适宜时，病残体中的病菌产生分生孢子。分生孢子通过气流传播到玉米植株上，在叶面有水膜时，萌发形成芽管，由气孔或直接穿透叶片表皮侵入。遇到潮湿条件，在侵染部位产生大量分生孢子，这些孢子又借气流传播进行次侵染。玉米收获后，病菌在病残体上越冬。

此病的发生和流行与品种的抗病性、气候条件和栽培管理措施都有密切关系。

1) 品种的抗病性

目前尚未发现对玉米小斑病免疫的品种，但品种间抗病性差异很大。在同一植株的不同生育期或不同叶位对小斑病的抗病性也存在差异。同一品种的植株不同生育期及不同叶位叶片有抗性差异。

2) 气候条件

温湿度降水量与病害发生关系密切。

3) 栽培管理

凡使田间湿度增大、植株生长不良的各种栽培措施都有利于发病。增施磷、钾肥，适时追肥可提高植株的抗病能力。生产中实施轮作和适期早播都会减轻病害的发生。但春玉米与夏玉米套种，可加重病害。

4. 病害控制

防治策略以种植抗病品种为基础，加强栽培管理，减少菌源，适时进行药剂防治的综合防治措施。

1)选育和种植抗病良种

应选育和种植绥玉 8、绥玉 4 较抗病良种。

2)强栽培管理,减少菌源

增施农家肥,在施足基肥的基础上,及时追肥,氮、磷、钾合理配合施用。注意低洼地及时排水,降低田间湿度,加强土壤通透性,并做好中耕、除草等管理工作。合理布局作物品种,实行玉米—大豆、玉米—麦类轮作倒茬,合理密植,实行秸秆还田。

3)药剂防治

玉米病害发生严重的地区,尤其制种田和自交系繁育田,可用 50% 多菌灵 500 倍液、75% 百菌清 400~500 倍液等。还可用 40% 克瘟散、50% 退菌特、50% 敌菌灵和 25% 粉锈宁等药剂。从心叶末期到抽雄期,每 7 天喷一次,连续喷 2~3 次。

(三)玉米弯孢霉叶斑病

玉米弯孢霉叶斑病是 20 世纪 80 年代中、后期在华北地区发生的一种为害较大的新病害,主要为害叶片,也为害叶鞘和苞叶。抽雄后病害迅速扩展蔓延,植株布满病斑,叶片提早干枯,一般减产 20%~30%,严重地块减产 50% 以上,甚至绝收。

1. 症状

玉米弯孢霉叶斑病主要危害叶片,也可危害叶鞘和苞叶。病斑初为水浸状或淡黄色半透明小点,后扩大为圆形、椭圆形、梭形或长条形病斑,潮湿条件下,病斑正反两面均可产生灰黑色霉状物(分生孢子梗和分生孢子)。病斑形状和大小因品种抗性分 3 类。

1)抗病型病斑(R)

病斑小,1~2 毫米,圆形、椭圆形或不规则形,中央苍白色或淡褐色，边缘无褐色环带或环带很细，最外围具狭细的半透明晕圈。

2）中间型病斑（M）

病斑小，1~2毫米，圆形、椭圆形、长条形或不规则形，中央苍白色或淡褐色，边缘有较明显的褐色环带，最外围具明显的褪绿晕圈。

3）感病型病斑（S）

病斑较大，长2~5毫米，宽1~2毫米，圆形、椭圆形、长条形或不规则形，中央苍白色或黄褐色有较宽的褐色环带，最外围具较宽的半透明黄色晕圈，有时多个斑点可沿叶脉纵向汇合而形成大斑，最大的可达10毫米，甚至整叶枯死。

该病多与玉米褐斑病混合发生，后者病斑主要分布于玉米叶鞘及叶片主脉等部位。

2. 病原

无性态为半知菌亚门弯孢霉属的新月弯孢菌。

有性态为子囊菌门、核菌纲、球壳孢目、球壳孢科、旋孢腔菌属的新月旋腔菌。

分生孢子梗褐色至深褐色，单生或簇生，较直或弯曲，大小（52~116）微米×（4~5）微米。分生孢子花瓣状聚生在梗端。分生孢子暗褐色，弯曲或呈新月形，大小（20~30）微米×（8~16）微米，具3个隔膜，大多4个细胞，中间2个细胞膨大，第三个细胞最明显，两端细胞稍小，颜色也浅。

子座为柱状，黑色，在特定条件下，子座下部形成突起，发育成多个子囊壳，或子座上直接长出分生孢子梗，梗上产生分生孢子。

此病菌除侵染玉米外，还侵染水稻、高粱、番茄、辣椒等多种作物。

模块六 花粒期生产管理

3. 发病规律

病菌以分生孢子和菌丝体潜伏于病残体、土壤中越冬。遗落于田间的病叶、秸秆或施入田间的由带病玉米秸秆沤制而未腐熟的农家肥是该病重要的初侵染源。第二年分生孢子在适宜条件下被传到玉米植株上，侵入体内引起初侵染；发病后病部产生的大量分生孢子经风雨、气流传播又可引起多次再侵染。

分生孢子萌发的温度为 $8 \sim 40℃$，最适宜萌发温度为 $30 \sim 32℃$，分生孢子萌发要求高湿，最适的湿度为超饱和湿度，相对湿度低于 90% 则很少萌发或不萌发。

此病为喜高温、高湿的病害，7～8月高温、高湿、多雨的气候条件有利于该病的发生流行，低洼积水田和连作地发病较重，施未腐熟的带菌有机肥发病较重。

由于该病潜育期短(2～3天)，7～10天即可完成一次侵染循环，短期内侵染源急剧增加，如遇高温、高湿，易在7月下旬到8月上、中旬导致田间病害流行。

生产上品种间抗病性差异明显。品种间抗病性随植株生长发育而递减，苗期抗性较强，10叶前后最宜感病，13叶期以后易感，此病属于成株期病害。

4. 病害控制

1)种植抗病品种

如中单2号、冀单22号、丹玉13、掖单12、掖单19等。

2)加强栽培管理

玉米与豆类、蔬菜等作物轮作倒茬，适当早播，收获后及时处理病残体，集中烧毁或深埋。也可以在秋天时深耕、深翻，把病叶残株翻入底层或在玉米收获后进行浇水，而后深耕，创造湿润的土壤条件，促进病残全腐解。施足基肥，合理追肥。

3)药剂防治

(1)喷雾。发病初期(或田间发病率达10%左右)可用30%爱苗,或80%大生(代森锰锌)可湿性粉剂800~1000倍液,或10%世高WP,或12.5%烯唑醇WP 3000倍液,或40%福星乳油8000倍液,或40%氟硅唑乳油8000倍液,或6%乐必耕可湿性粉剂2000倍液,或50%速克灵可湿性粉剂2000倍液,或25%丙环唑(敌力脱)乳油1000倍液,或12.5%特普唑(速保利)可湿性粉剂4000倍液,或80%炭疽福美600倍液,或50%退菌特可湿性粉剂1000倍液等喷雾防治。隔10天左右喷一次,连续喷2~3次。

(2)灌心。在玉米大喇叭口期灌心,较喷雾法效果好,且容易操作。

(四)玉米瘤黑粉病

玉米瘤黑粉病又称黑粉病,俗称灰包、乌霉,是玉米重要病害。我国玉米产区均有发生,一般北方比南方、山区比平原发生普遍而且严重。产量损失程度与发病时期、发病部位及病瘤大小有关。一般发生早,病瘤大,在果穗上及植株中部发病的对产量影响大。

1. 症状特点

玉米黑粉病为局部侵染病害,在玉米的整个生育期均可发病,地上部具有分生能力的幼嫩组织均可受害,引起组织膨大,并形成大小不一、含有黑粉的瘤状菌瘿。菌瘿是被侵染的寄主组织因病菌代谢物的刺激而肿大形成的,菌瘿外面包被寄主表皮组织形成的薄膜。病瘤初形成时白色或淡红色,有光泽,肉质多汁,后迅速膨大,表面变成灰色或暗褐色,内部变成黑色,最后薄膜破裂散出黑粉(冬孢子)。

一般苗期很少发病,抽雄后迅速增加。病苗矮小,茎叶扭曲畸形，在茎基部产生小病瘤，病苗株高在 33 厘米左右时明显，严重时枯死。瘤的形状和大小因发病部位不同而异。拔节前后，叶片或叶鞘上可出现病瘤。叶片上先形成褪绿斑，然后病斑逐渐皱缩形成病瘤，病瘤较小，大小多似豆粒或花生米粒，且常成串密生。果穗、茎或气生根上的病瘤大小不等，一般如拳头大小或更大。雄花大部分或个别小花形成角状或长囊状的病瘤，雌穗多在果穗上半部或个别籽粒上形成病瘤，严重时可全穗变成病瘤（见图 6-3）。

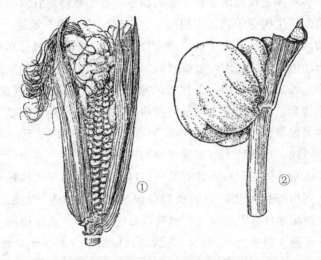

图 6-3　玉米瘤黑粉病
①雌穗为害状　②茎部为害状

2. 病原

病原为玉米瘤黑粉菌，属担子菌亚门黑粉菌属。冬孢子椭圆形或球形，壁厚，暗褐色，表面有细刺状突起。冬孢子萌发时，产生 4 个细胞的担子（先菌丝），担子顶端或分隔处侧生 4 个无色、梭形的担孢子，担孢子还能以芽殖的方式产生次生担孢子。

冬孢子无休眠期，在水中或相对湿度98%~100%时均可萌发，干燥条件下经过4年仍有24%的萌发率。自然条件下，冬孢子不能长期存活，但聚集成块的冬孢子在土表或土中的存活期均较长。冬孢子萌发适温为26~30℃，担孢子的萌发适温为20~26℃，侵入适温为26~35℃。

3. 发病规律

玉米黑粉病菌主要以冬孢子在土壤中越冬，也可在粪肥中、病残体上或黏附于种子表面越冬。翌年条件适宜时，冬孢子萌发产生担孢子和次生担孢子，借风雨传播到玉米地上部的幼嫩组织上，从寄主表皮或伤口直接侵入节部、腋芽和雌雄穗等幼嫩的分生组织，形成病瘤。冬孢子也可以直接萌发产生侵染丝侵入玉米组织，但侵入的菌丝只能在侵染点附近扩展，形成病瘤。病瘤内产生大量的黑粉状冬孢子，随风雨传播进行多次再侵染。病菌菌丝在叶片和茎秆组织内可以蔓延一定距离，因此，在叶片上可形成成串的病瘤。

玉米不同品种抗病性有差异。连作及收获后玉米秸秆未及时运到田外的地块，田间积累菌源量大，发病重。高温、多雨、潮湿地区以及在缺乏有机质的砂性土壤中，残留田间土壤中的冬孢子易萌发后死亡，发病轻；低温、少雨、干旱地区，土壤中冬孢子存活率高，发病重。玉米抽雄前后对水分特别敏感（感病时期），如遇干旱，植株抗病力下降，易感染瘤黑粉病。暴风雨、冰雹、人工作业及玉米螟造成的伤口都有利于病害发生。

4. 防治措施

1）大面积轮作，减少越冬菌源

这是防病最根本、最有效的措施。与非禾谷类作物实行2~3年的轮作，秋季深翻地，彻底清除田间病残体，玉米秸秆用于堆肥时要充分腐熟。

2）割除病瘤

在病瘤未变色时及早割除，带出田外深埋处理，可减少当年再侵染来源及越冬菌量。割除病瘤要及时、彻底，并要连续进行。

3）栽培措施

因地制宜利用抗病品种，如德单8号、佳尔336、吉农大115等较抗病，绥玉13、绥玉15较耐病。合理密植，及时灌溉，尤其是抽雄前后要保证水分供应充足。增施磷、钾肥，避免偏施和过量施用氮肥。减少机械损伤，发现有玉米螟为害时要及时防虫治病。

4）药剂防治

(1) 种子处理。药剂拌种或种子包衣是目前生产常用而有效的方法之一。每100千克种子可用12.5%烯唑醇12~16克，或50%福美双可湿性粉剂500克，或20%三唑酮乳油4升，或2%速保利（烯唑醇）可湿性粉剂5克，或种子重量0.2%的硫酸铜液拌种，也可用401抗菌剂1000倍液浸种48小时。

(2) 土表喷雾。玉米出苗前可选用50%克菌丹200倍液，或25%三唑酮750~1000倍液进行土表喷雾，消灭初侵染源。在病瘤未出现前可选用12.5%烯唑醇、15%三唑酮、50%多菌灵等药剂喷雾处理。

（五）玉米灰斑病

玉米灰斑病又称尾孢菌叶斑病、玉米霉斑病，是一种世界玉米产区普遍发生的叶部病害，目前已蔓延到全国各玉米产区，也是近年来我国北方玉米产区新发生的一种危害性很大的叶部病害。重病地块叶片大部变黄枯焦，果穗下垂，籽粒松脱干瘪，百粒重下降，严重影响产量和品质。

1. 症状特点

主要危害成株期叶片，也危害叶鞘和苞叶。由下部叶片逐渐向上部叶片扩展。发病初期病斑很小，为水渍状淡褐色小斑点，后逐渐扩展为与叶脉平行延伸的病斑，病斑具有浅褐色条纹状或不规则的灰色至褐色长条状，病斑中间灰色，边缘有褐色线。由于病菌无法穿过叶片主脉的厚壁组织，限制了病斑扩展而使病斑具有明显的平行边缘，又由于病菌可形成由暗色坚硬菌丝组成的子座组织，填满气孔下室，使病斑不透明，这是该病最典型的特征。发病中后期或发病严重时，病斑汇合连片，使叶片变黄枯死，叶片两面（尤其在背面）产生灰色霉层（分生孢子梗和分生孢子）。病斑大小多为(0.5～3)毫米×(0.5～30)毫米。在感病品种上病斑呈长方形，(2～4)毫米×(10～60)毫米。

2. 病原

无性态为玉蜀黍尾孢菌，属于半知菌亚门，尾孢属。有性态很少见，人工培养可以形成，有性态在病害循环中作用不大，为子囊菌亚门，球腔菌属。分生孢子梗丛生，暗褐色，具有1～4个隔膜，直或稍弯，着生分生孢子处有明显孢痕。分生孢子细长，直或稍弯，倒棍棒形，基部倒圆锥形，脐点明显，顶端渐细，无色，具有1～8个隔膜。

温度25～28℃、光暗交替有利于分生孢子的形成，相对湿度90%以上有利于分生孢子萌发。多雾、多露有利于孢子的形成、萌发和浸染。

3. 发病规律

病菌以菌丝体、分生孢子、子座在病残体上越冬。田间地表残留的病残体是该病的主要初侵来源。病菌在地表病残体上可存活7个月，而埋在土壤中的病残体上的病菌很快便丧失生命力。第二年春季,分生孢子或子座上产生分生孢子,萌发产生芽管从叶表气孔侵入,温暖湿润条件下,病斑上可形成大量分子孢子,借风雨传播,进行再侵染。

灰斑病主要在玉米抽雄后侵染叶片。降雨量大、相对湿度大于90%、气温较低的环境条件有利于病害的发生和流行。品种间抗病性差异明显,若连年大面积种植感病品种,病害容易较大发生。免耕或少耕田因土壤带菌量大,发病重。植株叶片的生理年龄也影响此病的发展,老叶先发病,继而发展到中部和上部叶片。在华北及辽宁省,于7月上中旬开始发病,8月中旬到9月上旬为发病高峰期。一般7~8月多雨年份发生严重。玉米生长后期若遇高温、干旱,不利于植株的生长发育,使植株抗病性降低,此时若有几次降雨,也可导致疾病严重发生。

4. 防治措施

1) 选用和推广抗病品种

这是目前防病最重要的措施之一。生产上常用的抗病品种有:掖单2号、沈单10号、丹玉21、郑单14、沈试29、沈试30、丹933、丹3034、丹408和丹黄19等。

2) 减少越冬菌源

收获后,应及时清除玉米秸秆等病残体集中处理,及时深翻,大面积轮作倒茬,尽量减少越冬菌源数量。

3) 栽培防病

播种时施足底肥,及时追肥,防止后期脱肥,促进植株健壮生长,提高玉米的抗病能力。合理浇水,雨后及时排水,降低田间湿度。实行间作套种,改善田间小气候。

4) 药剂防治

玉米大喇叭期、抽雄穗期和灌浆初期三个关键时期进行药剂防治,可选用50%多菌灵可湿性粉剂500倍液,或70%百菌清可湿性粉剂800倍液,或80%代森锰锌可湿性粉剂500倍液,或70%代森锌粉剂800倍液,或50%退菌特(福美双+福美锌+福美甲胂)可湿性粉剂600~800倍液,或50%福美双粉剂500倍液,或25%敌力脱(丙环唑)乳油1500倍液,或25%戊唑醇1500倍液,或80%多菌灵800倍液,或50%甲基硫菌灵500倍液,或80%炭疽福美可湿性粉剂800倍液喷雾。隔7~10天喷一次,连续喷2~3次,注意从下部叶片向上部叶片喷施,最好每个叶片都喷湿。

二、穗期主要虫害防治

(一)黏虫

黏虫属鳞翅目,夜蛾科。黏虫是典型的暴食性、迁飞性、食叶性害虫。大发生年份,常将作物叶片全部吃光,造成严重减产或绝产。黏虫主要为害禾本科作物和杂草。虫害大发生年份也能取食其他作物,但不能完成生活史。

1. 黏虫形态

成虫体长17~20毫米,翅展35~45毫米,淡灰褐色。前翅中央近前缘处有2个淡黄色圆斑,外方圆斑下有1个小白点,其两侧各有1个小黑点,顶角具有1条伸向后缘的黑色斜纹(见图6-4)。

卵馒头形,单层排列成行,形成卵块。幼虫分6龄,老熟幼虫体长38毫米。

幼虫头部黄褐色,沿蜕裂线有棕黑色"八"字纹。背线5条,背中线白色、较细;两侧有细黑线;亚背线红褐色,其上下有灰白色细线;气门黑色,气门线黄色,其上下有白色带纹。腹足基部外侧有黑褐色斑,趾钩单序中带。

蛹红褐色,腹部第五至七节背板前缘有横弄的马蹄形刻点,腹部末有一对粗大的臀棘，两边各有两个细而短的钩状刺。

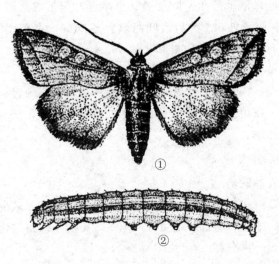

图 6-4　黏虫
①成虫　②幼虫

2. 黏虫习性

黏虫无滞育特性，在我国 0℃ 等温线以北的地区，如黑龙江省，越冬代成虫是从南方远距离随气流迁飞来的。黏虫在我国各地发生的世代数因纬度而异，一年发生 1~8 代。黑龙江省一年发生 1~2 代。

成虫昼伏夜出，有三个活动高峰：傍晚日落后，半夜前后，黎明前。分别与成虫进行取食、交尾产卵和寻找隐蔽场所等活动。具有远距离迁飞习性和补充营养习性，趋光性较弱。对糖醋酒混合液和杨柳树枝有强烈的趋性，也喜食甘薯、酒糟、粉浆等含有淀粉和糖类的发酵液。产卵有趋枯黄枯草的习性。卵单层排列成行，形成卵块，每块 20~40 粒卵，每头雌性成虫可产 1000~2000 粒卵。

初龄幼虫多潜伏在寄主的心叶、叶鞘、叶腋、干枯叶缝内,有吐丝下垂习性。1~2龄幼虫啃食叶肉形成透明条纹斑;3龄后有假死性;3龄后沿叶缘取食成缺刻,多在夜间取食,气温高时,潜伏在作物根际土块下。5~6龄进入暴食期,食叶量占整个幼虫期的90%以上。当虫害大发生时,可将植株叶片吃光。在食料缺乏时,大龄幼虫可成群向田外转移。幼虫老熟后,在植株附近表土下3厘米处筑土室化蛹,在水田多在稻桩中化蛹。

3. 黏虫防治

1)农业防治

应及时耕耙及中耕除草,一方面,清除草害,减少黏虫食源,另一方面,将部分幼虫翻入土下,不利于幼虫的化蛹,同时可消灭一部分蛹。

2)糖醋液诱杀成虫

按酒∶水∶糖∶醋的比例为1∶2∶3∶4混合后,加入总量1%的杀虫剂,放入诱蛾器(或诱蛾盆)中,每块地设2盆,3天加半量,5天换一次。

3)灯光诱杀

一台40W的黑光灯,每年在早春即可设灯,地点在空旷的田野或田间、楼上等处均可设灯,距离地面1.5米以上,每天晚上开灯,第二天早晨关灯,将诱杀到的害虫收集起来及时处理掉,直到早霜为止。

4)谷草把诱卵灭卵

选叶片完好的稻草、高粱干叶、玉米干叶10~20根扎成一把(谷草把3根一把),每亩50把,每公顷插500~800个,3天更换一次,诱集3代黏虫卵,可将黏虫密度压低50%左右。

5)化学防治

幼虫3龄以前,每亩用2.5%劲彪或2.5%功夫(高效氯氟氰菊酯)10～20毫升，兑水10～15升喷雾。也可用40%乐果EC或50%辛硫磷EC 600～900毫升/公顷喷雾；还可选用10%氯氰菊酯乳油或2.5%溴氰菊酯乳油300～600毫升/公顷常规喷雾。或用25%灭幼脲3号悬浮剂2000倍液，或50%辛硫磷乳油1500倍液，或90%美曲膦酯(敌百虫)晶体2000倍液，或2.5%高效氯氟氰菊酯乳油2000倍液均匀喷雾。

(二)玉米螟

1. 形态特征

成虫为中小型的黄褐色小蛾子，雄虫较瘦小、色深，雌虫体较粗大、色浅。雄蛾体长10～14毫米，翅展20～26毫米。雄虫前翅内横线波状暗褐色，外横线锯齿状暗褐色，内、外横线间近前缘处有两个褐色斑纹，外横线与外缘线之间有一褐色带；后翅灰黄色，翅面上的横线与前翅相似，翅展时前后翅的波纹相连。雄蛾翅缰1根，雌蛾翅缰2根(见图6-5)。

卵扁椭圆形，常多粒呈鱼鳞状排列，黄白色，孵化前透过卵壳可见黑褐色的幼虫头部。

幼虫共5龄，老熟幼虫体长20～30毫米，头部及前胸背板暗褐色，体背淡灰褐色或淡红褐色，有纵线3条，其中背线明显。体上有明显的毛片，中后胸背面各有4个，腹部每节两排，前排4个较大，后排2个较小。腹足趾钩三序缺环。

蛹黄褐色，腹末端有5～8个钩状小刺。

2. 习性

因纬度、海拔不同，玉米螟每年发生1～6代，东北每年发生1～2代，其中黑龙江北部和吉林长白山区多发生1代，吉林、辽宁、内蒙古多发生2代。以老熟幼虫在寄主茎秆、根茬、穗轴及高粱茎秆内越冬。

黑龙江省黑河地区、绥化地区、嫩江地区以及合江地区等

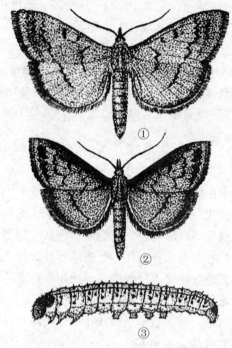

图 6-5 玉米螟
①雌成虫 ②雄成虫 ③幼虫

县为一代区，主要为害玉米。2代区为嫩江地区的甘南、富裕、林甸以南各县，绥化的三肇，哈尔滨市周围的木兰、五常、尚志、方正、延寿、东宁、宁安等县。2代区第一代主要为害谷子，第二代主要为害玉米。2代区的玉米螟若第一代产卵于玉米上，通常只产生一代幼虫，以老熟幼虫越冬，很少产生第2代。所以2代地区的玉米螟有发生1代的，也有发生2代的。

成虫昼伏夜出，白天多潜伏在茂密的作物株间或杂草丛中，夜间活动。飞翔力强，有趋光性。成虫喜欢在玉米、高粱、谷子上产卵，卵多产在叶片背面中脉附近。产卵有趋向繁

模块六 花粒期生产管理

茂作物的习性。在玉米田,多选择生长茂密、叶色浓绿的植株上产卵,中、下部叶片产卵最多。卵一般多粒呈鱼鳞状排列。初孵幼虫爬行敏捷,在分散爬行过程中常吐丝下垂,随风飘到邻近植株上取食为害。一般先爬进喇叭口里取食心叶,展叶后可见叶片上有横向的一排虫孔。在玉米心叶期、抽雄初盛期和雌穗抽丝初期群集为害,4龄以前多选择含糖量较高、湿度大的心叶丛、雄穗苞、雌穗的花丝基部、叶腋等处取食为害,4龄以后钻蛀取食,重者使穗柄折断,雌穗下垂,导致灌浆不满,籽粒较小。幼虫多5龄,老熟后多在玉米茎秆内,少数在穗轴、苞叶和叶鞘内化蛹。

3. 玉米螟的防治

1)收获时低留根茬

要齐地面收割,低留根茬或用灭茬机灭茬,可减轻第一代玉米螟的发生程度(根茬中越冬虫量占总虫量的22.6%)。

2)处理寄主秸秆,压低越冬虫源基数

6月初将玉米等寄主秸秆、根茬及穗轴等处理完,剩余的秸秆用塑料布、大泥或喷白僵菌封垛,每立方米秸秆垛用菌粉(每克含孢子500亿~100亿个)100克,可压低越冬虫源基数,减轻第一代玉米螟的发生程度。

3)生物防治

利用赤眼蜂、白僵菌和苏云菌杆菌等防治玉米螟。放赤眼蜂防治关键是蜂、卵相遇。在玉米螟卵孵化初盛期设放蜂点75~150个/公顷,利用赤眼蜂蜂卡放蜂15万~45万头/公顷;在玉米心叶中期用孢子含量为50亿~100亿个/克的白僵菌粉,按1:10的比例制成的颗粒剂,每株用颗粒剂2克。撒施苏云金杆菌颗粒剂:用苏云金杆菌制剂(Bt乳剂),每亩用每克含100个以上孢子的Bt乳剂200毫升,加细砂(大小20~40目)3.5~5千克,加2千克左右的水将Bt乳剂稀释后与细砂拌匀配成颗粒剂,心叶末期每株撒施1~2克。

4)化学防治

在玉米心叶末期(即从抽雄穗2％~3％开始)撒施颗粒剂防治幼虫是控制玉米螟为害的十分有效方法之一。玉米心叶末期百株合计卵量超过30块或"花叶"和"排孔"合计株率达到10％,谷子每千株谷苗合计卵块达5块以上时,应及时进行集中防治。可选用0.5％敌敌畏颗粒剂、0.3％辛硫磷颗粒剂,也可选用50％辛硫磷乳油、2.5％溴氰菊酯等杀虫剂自制颗粒剂防治。还可用白僵菌颗粒剂,每株1~2克撒于喇叭口内。撒施时要做到稳步向前走,对准喇叭口,每株1~2克,撒药时应甩开手。

颗粒剂配法:50％敌敌畏乳油1千克加载体200千克混拌均匀即成。载体可用20~60筛目的细砂、煤渣、砖渣等。

模块七 玉米高产栽培技术

模块七　玉米高产栽培技术

第一节　玉米抗旱栽培

我国旱地玉米播种面积约占玉米总播种面积的 2/3，西南、华北、西北、东北各省、自治区均有相当大的面积。旱地土壤耕作的重要任务是蓄水保墒，提高降水保蓄率和水分利用率，保证玉米生长发育对水分的需求量。由于各地无霜期长短不一，雨量多少不均，发生旱情的时间各异，在运用抗旱栽培措施时，应因地制宜，灵活掌握。

一、秋翻地，春保墒

秋季施入有机肥料，耕翻后及时耙耱，保蓄秋雨后的土壤水分。春季不再耕翻，而在开始化冻时，多次横竖相间耙耱，破坏毛细管，使土壤上虚下实，耕层的水分不易散失，保蓄冬春土壤中的水分，以保证种子吸收发芽。

播种时，畜力开沟，开沟的深度视墒情而定。一般深耠浅盖土，点播踩籽，使种子与底土紧密结合利于吸水。覆土镇压，连续一次完成，不可拖延时间，避免跑墒；机播跑墒少，利于出苗。最好是边播种边镇压，播完压完。镇压的目的是封住播种沟保住墒情，同时提升下层水到种子部位，供种子吸水发芽。

二、低温抢墒，催芽早播

低温抢墒播种，这是旱地玉米传统习惯做法，利用返浆水，保证玉米出苗。这种方法最大的弱点是种子在土壤内时间较长，约1个月，且容易粉种、霉烂，影响出苗率。催芽低温早播，既利用土壤返浆时的水分，又争取到自然热量，是抗寒栽培和抗旱栽培中一项切实可行的技术措施。

浸种催芽。用55~60℃的温水浸种，当水温下降到25~30℃时，浸泡种子12~24小时，滤水后用麻袋等保温物品覆盖种子催芽，有70%以上的种子露白时即可播种。下种时间，应在地表5厘米处的地温连续5天稳定在6℃以上时方可播种。覆土深度不超过5厘米。播种时按照垄沟栽培法，开沟深度以种子接触适宜的底墒为好。

增产的主要原因：一是抓住冬季受冻层阻隔积蓄的水分和春季返浆水融合的时机，利用尚好墒情早播保全苗。此时5厘米深度地温稳定在6℃以上，蒸发量最低，日蒸发量约为3.7毫米，春旱的概率最低。二是促使根系生长发育，吸收深层养分和水分，有利于植株生长发育，提高抗旱能力。三是热量利用率高，避开伏旱。可使早播玉米比常规播期玉米增加积温216℃，与当地的气候条件相吻合。垄沟低温早播玉米，可充分利用自然条件，争取有利的水分，避过干旱影响，从而节约开支，增加收入。

三、抗旱坑栽培

秋翻整地后，每亩配加磷、钾肥混合施粪肥2000~2500千克。挖坑的时间，最好在上冻前进行，越早越好。目的是接纳雨雪和熟化土壤。田间坑穴排列呈梅花形，横竖成行，行距为67厘米，坑距1米左右，每亩1000个坑。挖坑深

50厘米，长67厘米，宽50厘米。先将10~15厘米的表土移在一边，再将底部挖一铁锹深，铲松土而不取出，再将混合肥料放入坑中，与土壤混合均匀。封顶有两种方法：一是土壤墒情很好，可将表土封在坑顶，略呈馒头状，用锹拍实，使坑不漏风，以免跑墒。二是当时不封顶，在冬春雨雪后，将雪及时扫入坑内，再用表土封顶，当雪融顶塌后，要及时补封顶部，保住墒情。后一种方法虽然费工，但保墒效果极好，又能熟化土壤提高肥力。由于坑内土壤疏松，墒情充足，故可提早播种。播前进行耙耱，将地整平。每坑种3~4穴，每亩种3000~3500株。其增产的主要原因是蓄水保墒，苗齐苗壮，深翻而不乱土层，集中施肥，培肥地力，熟化土壤，提高土壤供肥能力。

四、田间秸秆覆盖栽培

将麦秸或玉米秸铺在地表，保墒蓄水，是旱地玉米一项省工、节水、肥田、高产的有效途径。秸秆覆盖在秋耕整地后和玉米拔节后在地表面和行间每亩铺500~1000千克铡碎的秸秆，起到保墒作用，同时改善土壤的物理性状，培肥地力，提高产量。

秸秆覆盖增产的主要原因是改善根系环境的生态条件，根系发达，吸收养分和水分能力增强，为穗大粒多奠定了基础。研究表明，覆盖后25天，根系的数量和干重分别比对照区高6.4%和29.1%，整个生育期的各个时期均比对照区高。覆盖秸秆影响最大的是第三层支撑根，根条数、根干重高于对照12.9%和18.0%。覆盖秸秆田的百粒重和单株粒数分别高于对照区1.7克和62.7粒。说明产量的提高是粒数和粒重共同增加的结果，尤以增加粒数最为明显。

第二节 复播夏玉米

在前茬作物收获后播种玉米，称复播玉米，也称夏播玉米或晚茬玉米。

复播玉米的地区很广，凡是在上茬作物收获后，到夏播玉米后茬作物播种之间，有效积温在2300℃以上的地方，皆可种植复播玉米。复播玉米生长季节的特点是温度高、生长快、湿度大、易发病，风、旱、雹、涝等灾害性天气较多。在栽培管理上以早为先，以促为主，在施肥上采取前轻后重的原则。

麦田套种玉米密度不足，生长不匀，病虫害重，田间操作困难，难以达到高产的要求；麦套玉米的籽粒形成期正好遭遇7月中、下旬高温寡照不利气候条件，影响玉米产量的提高。因此目前生产上提倡采用夏玉米免耕直播，即铁茬播种，有效解决生长不匀，避开病虫害发生期（尤其是由灰飞虱等传毒引起的玉米粗缩病、矮花叶病毒病），提高光合效率，从而大幅度提高玉米产量。

夏玉米免耕直播优点主要表现在：一是地块蓄水保墒能力强。小麦秸秆覆盖住地面，确保了土壤的水、肥、气可自行调节，旱时不裂缝，水肥不易流失，有利于出苗。同时还增加了土壤有机质含量。二是防止了小麦机械收获对玉米苗的伤害。三是确保了播种质量。免耕直播有利于播种深浅一致，便于施肥、用药，有利于苗齐、苗壮、苗匀。四是机械化作业节约了成本，既省时省力，又省工。实践证明，夏玉米免耕直播技术是进一步提高玉米产量最有效的措施之一。

一、选用优质高产多抗新品种

随着超级玉米新品种的培育成功，良种的增产作用将更加

模块七 玉米高产栽培技术

明显,有研究表明,在玉米产量增加的诸多因素中,遗传因素占 60%左右,在生产中必须选用适应性广、抗倒、抗病能力好、增产潜力大、生长势强的一代杂交种。如郑单 958、浚单 22、京单 28、中科 11、秀青 73-1、沈玉 21、邯丰 79 等。选用信誉好的正规种子企业所生产的国审或省审的一级优良杂交种,种子纯度≥98%,净度不低于 99%,发芽率≥90%,含水率≤13%。据实验,种子的纯度每下降 1%,玉米的产量便会下降 0.87%,所以播前要对种子进行精选,去掉破碎、发霉变质籽粒和秕粒,留下整齐均匀的饱满籽粒。

二、种子包衣技术

种子包衣可以起到晒种和拌种两种作用,具有杀菌、杀虫、促进幼苗生长等多项功能,有利于全苗壮苗,增产作用明显。可选用玉丰收专用包衣剂包衣,用量 50 毫升包种子 5~7 千克。用种衣剂处理时要充分搅动、拌匀,使种衣剂在玉米种子外层形成一层均匀薄膜。种子包衣处理在播种前 3~5 天进行,等种子外层药膜(种衣膜)固化变硬后再进行播种。

三、麦秸处理技术

前茬小麦残留的秸秆和麦茬对夏玉米的播种和出苗会造成一定影响,因此在播种夏玉米之前需要对小麦秸秆和麦茬进行处理。在收获小麦时,应该尽可能选用带有秸秆粉碎和切抛装置的小麦收割机,小麦秸秆粉碎的长度不要超过 10 厘米,粉碎后的小麦秸秆要抛洒均匀,不要成垄或成堆堆放,小麦留茬高度不应超过 20 厘米。对于麦秸成垄或成堆堆放的地块,可将麦秸人工抛开、散匀。有条件的可在播种前用灭茬机械先进行灭茬,然后再播种。

四、抢时早播技术

麦茬夏玉米播种越早越好,抢时早播是麦茬夏玉米获得高产的关键技术。据实验,5月28日至6月15日前,每早播一天,每亩约增产1%,6月15日后每晚播一天,每亩约减产1.2%。抢时早播还可以避开6月底、7月中旬的多雨"芽涝"形成黄苗、紫苗和8月上旬的"卡脖旱"天气。

五、播种方法

可采用60厘米等行距或大小行(大行80厘米,小行40厘米)形式播种。播深3～5厘米,亩播量一般2～3千克。采用免耕播种机播种,有条件的可用单粒点播机播种。播种时要做到"深浅一致,行距一致、覆土一致、镇压一致",播种机作业速度要严格控制在每小时4千米以内,防止漏播或重播。夏玉米播种机一般都带有施肥装置,可在播种的同时施用种肥,施用种肥时肥料一定要与种子分开,以免引起烧苗。根据实际情况可先造墒后播种,为抢时播种,也可采取先播种,后浇"蒙头水"的方式,以保证种子正常萌发和出苗。

六、平衡施肥技术

根据地力水平和产量确定适宜的施肥量,做到氮、磷、钾及各种微肥的平衡施肥,氮(N)肥实行种肥、大喇叭口(中期)、花粒期分次施用,避免后期脱肥。磷、钾肥要在播种时施用。一般亩产600千克地块,每亩需施纯氮12～15千克、磷肥4～5千克、钾肥4～5千克。折合尿素25～33千克、二铵8～10千克、氯化钾7～9千克,硫酸锌1千克,磷、钾、锌肥全部做种肥施用、氮肥30%做种肥施用,50%大喇叭口期追施,20%花粒期追施。

模块七 玉米高产栽培技术

七、及时补苗、间苗、定苗

提高播种质量,保证苗全、苗壮、苗匀是夏玉米高产的基础。玉米顶土出苗后,需及时查苗,发现缺苗严重,应立即进行补苗,采取移栽补苗或催芽补种的方法。移栽时从田间选取稍大一些幼苗,带土移栽,移栽后立即浇水,保证成活率。间苗在3~4叶期进行,定苗在5~6叶展开时完成,拔除小株、弱株、混杂株,留下健壮植株。定苗时不要求株距等留,个别缺苗地方可在定苗时就近留双株进行补偿,必须保证留下的玉米植株均匀一致。为了减少劳动用工,定苗可在4~5叶期一次完成。多留预计密度10%的苗,以备损耗。留苗密度要根据品种和地力而定。现在推广的耐密品种如郑单958、京单28、中科11、秀清73-1、登海11等,每亩留苗密度可在4500~5000株。

八、中耕

玉米根系对土壤空气反应敏感,通过中耕保持土壤疏松,有利于夏玉米生长发育。夏玉米一般中耕2次,定苗时锄一次,10叶展开时锄一次,现在多是用除草剂在玉米播种后进行封闭处理或秸秆覆盖,可在拔节后到10叶展时进行一次中耕松土。

九、节水灌溉

造墒播种或播后浇蒙头水的玉米在拔节期一般不浇水。适宜的底墒利于苗匀、苗壮,在出苗期至拔节期,玉米需水量较小,对干旱的忍耐力较强。适当干旱有利于蹲苗。拔节期到大喇叭口期,生长加快、需水量增加,如干旱严重,应适当浇水。大喇叭口期至灌浆高峰期约1个月时间,是需水量最多的时期，特别是吐丝前后是水分敏感期，严重干旱将造成卡脖旱，难以抽雄，授粉结实不良，导致空秆，造成严重减产，甚至绝产，这个时期若遇干旱，一定要及时灌溉。灌浆后期到成熟期，需水量减小，但干旱影响粒重，干旱严重时应适当补水。

十、预防空秆、倒伏

空秆、倒伏既有普遍原因，又有不同年份、不同情况的特殊原因，因此要因地制宜加以预防。

(1) 玉米合理密植可充分利用光能和地力，使群体内通风透光良好，是减少空秆、倒伏的主要措施。

(2) 适时、适量地供应肥水，使雌穗的分化和发育获得充足的营养条件，并注意施足氮肥、配合磷肥、钾肥。苗期注意蹲苗，促使根系下扎，基部茎节缩短。拔节至开花期肥水及时供应，促进雌雄分化和正常结实。肥力低的田块，应增施肥料，着重前期重施追肥，促进植株健壮生长，防止后期脱肥；肥力高的田块，应分期追，中后期重追，同时注意用量，对防止空秆和倒伏有积极作用。玉米抽穗前后各半个月期间需水较多，遇干旱少雨应及时灌水，不仅可促进雄穗发育形成，而且缩短雌雄穗开花间隔，利于授粉，减少空秆。

(3) 因地制宜，选用适合当地自然条件的优良杂交品种。土质肥沃及栽培水平较高的地块，可选用丰产性能较高的马齿型品种；土质瘠薄及栽培水平低的地块，应选用适应性强的硬粒型或半马齿型品种。多风地区则应选用矮秆、基部节间短粗、根系强大、抗倒伏能力强的品种。特别还应注意选用抗病品种，丝黑穗病、瘤黑粉病、茎腐病的普遍发生，是造成玉米空秆率增高的原因。

(4) 苗期控大苗、促小苗，使幼苗整齐健壮。如春季低温

模块七　玉米高产栽培技术

并伴随干旱,直接影响根系生长,应采取合理的耕作栽培措施,不仅能改善土壤结构、恢复土壤肥力,而且能抑制杂草,减少病虫害的发生和发展,改善玉米根系分布,促进玉米生长发育。另外,还应及时防治病虫害,进行人工辅助授粉能起到降低空秆和倒伏的作用。

(5)喷施生长调节剂壮秆防倒,化控药剂如生根粉、达尔丰等一般用作种子处理或在拔节前喷施。

十一、病虫害综合防治

苗期主要防治地老虎等地下害虫及蚜虫、黏虫、蓟马、灰飞虱等虫害,防治地下害虫可每亩用90%晶体美曲膦酯(敌百虫)100克,用温水化开加水2千克,均匀喷拌在粉碎炒香的棉籽饼上,闷3~4小时后撒施于苗行两侧,防效可达95%或以上。防治黏虫,蚜虫、蓟马、灰飞虱可选用吡虫啉800倍液喷雾防治。穗期防治玉米螟可在大喇叭口期用钾维盐与核型多角体病毒1∶1配比800倍液喷药。

防治玉米苗枯病可在发病初期喷洒95%绿亨一号精品4000倍液或60%绿亨三号600倍液。防治玉米粗缩病,可每亩用绿亨6号600倍液加1.5%植病灵Ⅱ号800倍液混合液喷雾。防治玉米叶斑病,可用绿亨3号600倍或50%百菌清、70%甲基托布津500倍液喷雾。防治玉米锈病可在发病初期选用15%粉锈宁可湿性粉剂500倍液或12.5%禾果剂可湿性粉剂750倍液喷雾防治。

十二、人工去雄辅助授粉

可在刚抽雄时隔行或隔株去雄,一般可增产6%~10%,去雄时不能把上部叶片去掉,去掉顶部叶片会减产。人工授粉最好在盛花末期,晴天上午9~11点进行,应边采粉边授粉,可减少秃顶或秃粒。

十三、适期晚收

目前,夏玉米普遍存在偏早收获"砍青"的问题。从收玉米到种麦之间空闲时间较长。当玉米还没有完全成熟,灌浆还在进行时就已经开始收获。这样对玉米的产量损失很大。9、10月份秋高气爽,光照充足,昼夜温差大,对玉米灌浆是最为有利的气候环境。据研究,在苞叶刚开始变黄的蜡熟初期,每迟收1天,千粒重则增加5克左右,每亩增产10千克左右。适时延迟收获可显著增加玉米产量,并可显著增加籽粒容重和提高品质,而且对后茬种麦和小麦产量不会造成影响。

第三节 覆膜玉米高产高效栽培技术

地膜覆盖玉米具有增温、保墒、除草等多种作用,最突出的作用是增加地温,促进生长及早成熟。有利于扩大玉米种植区域和改种生育期长、增产潜力大的品种。地膜覆盖栽培需要增加地膜的投入,在积温较充足地区不必采用。主要应用于高纬度、高海拔的冷凉玉米区,如黑龙江、内蒙古、河北北部、山西北部、宁夏、甘肃以及西南山区等。玉米覆膜后可以提高土壤温度,据调查,20厘米耕层土壤平均温度比裸地提高2℃,覆膜玉米适时早播,可充分利用自然热能,增加生育积温,提高百粒重。

一、选择适宜的品种

(1)要选择株型紧凑、叶片上冲、个体和群体协调的单交种或当地良种,以防止早期进入生殖生长。

(2)应选用比当地玉米生长期长10~15天的品种,才能发

模块七 玉米高产栽培技术

挥覆膜栽培的优良作用,因为覆膜栽培延长了生长季节,能争取 300~500℃ 的积温。我国由南向北,每增加一个纬度,生育期延长 2~4 天,如从低纬度向高纬度引种,要经过试验、示范,逐步扩大。

(3)要求种子质量纯度高、饱满、发芽率高。

二、精心选地、整地,施足基肥、底肥

(1)除盐碱地、白僵地及过于贫薄的地块外,均可进行地膜覆盖,最好选择中上等肥力、地势平坦的地块,使增产效果更加明显。

(2)整地要精细,消除根茬,无坷垃,上虚下实,整地要及时,从而保住底墒。

(3)结合秋翻时每公顷施入堆肥、厩肥或春耕时施入基肥或在播种前施入底肥,以及适宜的氮、磷、钾化肥。

(4)在杂草较多的地方,还应在播前喷施除草剂。

三、覆膜播种的方法

(1)覆膜栽培可以提高地温,因此要提早 10~15 天播种,但也要注意低温和晚霜问题,不能过早,以免种子霉坏和苗弱,覆膜既可在播前也可在播后。播前覆膜就是在整地后将地膜紧贴地面展平压紧,然后进行株行距打眼,按规定每穴播种 3~4 粒,播后要覆土盖平踏实。

(2)玉米覆膜,最好采用宽窄行种植,平均行距 50 厘米左右(窄行 40~45 厘米、宽行 55~65 厘米),株距 24~28 厘米,每公顷保苗 52500~60000 株,一般比露地玉米增加 4500~7500 株,集中覆盖窄行,节约薄膜,通风透光好,还可以在宽行内套种大豆,增加经济效益。

(3)铺膜要求:选用膜宽 80 厘米、厚 0.008 毫米地膜,每

亩用量为 3.8~4.0 千克。要求铺膜平直、覆土厚度适中，采光面大，每隔 15~20 米膜段压一锹土，以防刮风掀膜。

四、田间管理

（1）及时放苗、查苗、补苗：玉米第一片叶展开时，若气温较高要及时破膜放苗，并用湿土封严膜口；若气温较低或遇寒潮，推迟放苗；放苗后及时查苗、补苗，以保证全苗。

（2）中耕破板结：播种后遇雨，应及时耙地破除板结。一般在灌水前机械中耕 2~3 次，人工株间松土锄草 1~2 次，第一次稍浅些 7~8 厘米，以后逐渐加深。中耕要注意质量，防止压苗和铲苗。

（3）及时间定苗：当玉米 2~3 片叶时及时间定苗，缺苗处可留双苗。去杂、去弱、留强。一般中等肥力条件下耐密品种留苗密度为 5000~6000 株/亩，中等肥力以下以 4500~5000 株/亩为宜。

（4）追肥及浇水：幼苗 6~7 叶期及时灌水。之后每隔 15~20 天灌水 1 次，共灌 4~5 次，每次 80 立方米左右。大喇叭口期结合中耕一次性追肥，以氮肥为主，亩追尿素 20 千克，追肥深度为 8~10 厘米。植株生长后期为防止早衰可补施粒肥，每亩施尿素 10 千克。

（5）头水前揭膜：实施头水前揭膜，可促进玉米气生根下扎，增强抗倒伏能力。同时要提高残膜回收率，净化土壤，减轻土壤残膜污染。

第四节　大棚软盘育苗移栽技术

玉米农（地）膜覆盖育苗移栽是玉米栽培技术的一项重大改革。近年来，各地进行的试验示范证实，采用农（地）膜覆盖育苗移栽技术，对于提高复种指数，解决前后作物茬口矛盾，利用生育期较长的高产品种，特用玉米提早、均衡上市，节约用种，抗御不良条件，减轻病虫害，保证全苗、壮苗都有着重要作用。

一、选择育苗地

选择土质好，地势平，有水浇条件，离移栽田较近的地块，每亩移栽田需育苗地8平方米。

二、育苗用料

每亩移栽田需软盘40个（规格33厘米×60厘米，100孔），营养土300千克（包括粪肥约30%，田园土约70%，碳铵1千克，二铵、钾肥各0.5千克）。

三、播种技术

软盘中放满营养土，用刮板刮平，将填满营养土的软盘上下对齐叠放成垛，压出约1.5厘米见方的穴窝。每穴放一粒种子，覆土，用刮板刮平，将软盘放入畦中，浇水。

四、播期

比覆膜播种提前20天，每亩用种量1.5千克，比覆膜播种减少用种1.5千克，叶龄为3～4片展开叶时即可移栽，且无缓苗期，无大小苗现象。苗匀、苗齐，易争得足穗，比覆膜种植提早上市15天左右。移栽后的管理同露地种植。

第五节　旱地玉米稳产栽培技术

一、选用抗旱品种，进行抗旱处理

（一）选用抗旱品种

抗旱品种具有适应干旱环境的形态特征。例如，种子大，根茎伸长力强，能适当深播；根系发达，生长快，入土深，根冠比值大，能利用土壤深层的水分；叶片狭长，叶细胞体积小，叶脉致密，表面茸毛多，角质层厚。玉米抗旱品种叶片细胞原生质的黏性大，遇旱时失水分少，在干旱情况下气孔能继续开放，维持一定水平的光合作用。

（二）进行抗旱处理

玉米播种前进行种子抗旱锻炼，主要是采用干湿循环法处理种子，提高抗旱能力。方法是将玉米种子在20~25℃温度下水中浸泡两昼夜，捞出后晾干播种。经过抗旱锻炼的种子，根系生长快，幼苗矮健，叶片增宽，含水量较多，一般可增产10%。另外，还可以采用药剂浸种法，用氯化钙1千克加水100千克，浸种（或闷种）500千克，5~6小时即可播种；用琥珀酸溶液浸种12~24小时，使玉米吸足水分后晾干播种；或用20~40毫克/升萘乙酸浸种，对玉米抗旱保苗也有良好的效果。

二、田间管理

旱地一般肥力较低，增施以有机肥为主的肥料，合理配施氮、磷、钾肥，既可以促进当年增产，还能增肥地力，持续增产。一般应在秋耕时每亩施腐熟有机肥2000千克以上，同时

模块七 玉米高产栽培技术

配入过磷酸钙40千克以上，氯化钾或硫酸钾5千克以上。以上肥料要混合均匀，耕地时施入犁沟深埋。

（一）早春耙耱

保墒早春，土地刚解冻时，要抓住时机进行耙地，同一块地要纵横方向多耙几次，切断地表毛细管。耙后要细耱，减少土壤水分散失，以利春播。

（二）及时浅耕踏耱

在耙耱保墒的基础上，土壤解冻后，要早浅耕，耕深15厘米左右，同时将氮肥施入犁沟。每亩用碳铵40～50千克或硝铵25～30千克，浅耕施肥后立即耙耱平整，减少墒情散失。

（三）覆盖地膜

浅耕整地后最好早盖地膜。既提高保墒效果，又能提高土壤温度。可适时早播种，提高出苗效果，促进产量提高。在热量资源欠缺的早熟、特早熟生态区，更应提倡地膜覆盖栽培，这是早熟高产优质的保证措施。

（四）适时早播

旱地玉米适时早播可以有效利用春季土壤墒情保证全苗。播种时期以5～10厘米土层温度稳定达到10～12℃时为准，不可早播或推迟播种。

（五）合理密植

旱地玉米的留苗密度要根据地块肥力条件、品种特性灵活掌握。肥力较高、保水性好的地块，选用紧凑型品种的，每亩留苗可达3800～4000株；一般肥力地块，选用紧凑型品种时，以每亩3500株左右为宜。选用平展型品种时，亩留苗3000～3200株。在特早熟生态区，因特早熟品种一般秆较低，穗子较小,适宜密植,每亩留苗应达到4000～4500株才能保证达到较高产量。

(六)加强田间管理

旱地玉米在苗期要多中耕松土,主要是为保墒,保证幼苗正常生长。在玉米苗拔节以后,要趁降雨之际,土壤墒足时进行追肥,促进穗分化,争取穗大粒多。追肥量要根据雨量多少、幼苗生长情况酌情掌握。扬花授粉时期,如遇干旱,要适当浅锄防旱,使授粉正常;灌浆期也要浅中耕防旱,使灌浆正常。

(七)使用化学制剂,保墒增温

在玉米抗旱生产上应用化学抗旱制剂,可抑制土壤蒸发和叶片蒸腾,有显著的增温保墒效果。

1. 保水剂

保水剂又名吸水剂,是一种新型的功能高分子材料,能够吸收和保持自身重量400～1000倍、最高达5000倍的水分。保水剂有均匀缓慢释放水分的能力,可调节土壤含水量,起到"土壤水库"作用。保水剂可以用于种子涂层、包衣、蘸根等处理方法,据试验,用保水剂(含量1‰～1.5‰)给玉米涂层或包衣,可提前2～3天出苗,出苗率比对照高6.1%,玉米产量增加8.5%。玉米播种时在穴内每亩施500克保水剂,对玉米出苗和后期生长均有良好作用。

2. 抗旱剂

抗旱剂是从风化煤中提取的一种天然腐殖酸,含有碳、氧、氢、氮、硫等元素,是一种调节植物生长的抗蒸腾抑制剂。主要作用是减少植物气孔开张度,减缓蒸发。一般喷洒一次引起气孔微闭所持续的时间可达12天左右,降低蒸腾强度,土壤含水量则提高;改善植株体内水分状况,促进玉米穗分化进程；增加叶片叶绿素含量，有利于光合作用的正常进行和干物质积累；提高根系活力，防止早衰。每亩用抗旱剂 50 克加水 10 千克，在玉米孕穗期均匀喷洒叶片，可使叶色浓绿，叶面舒展，粒重提高，每亩增产 7.1%～14.8%。

3. 增温剂

增温剂属于农用化学覆盖物，为高分子长碳键成膜物质。喷施在土壤表面，干后即形成一层连续均匀的膜，用以封闭土壤。主要作用是，提高土壤温度，抑制水分蒸发，减少热耗，相对提高地温，保持土壤水分。在大田的抑制蒸发率可达 60%～80%，土壤 0～15 厘米土层水分比对照田高 19.3%；促使土壤形成团粒结构；减轻水土流失。增温剂喷施于土表后，增加了土层稳固性，可防风固土，减少冲刷，有明显的保持水土、抑制盐分上升的效果。

第六节　水地春玉米高产栽培技术

一、选用优良品种

（一）选种

引进一个新的良种时，先要在当地进行小面积试种，根据其表现，再大面积推广种植。任何良种都对温、光、水、热、日照长短等自然资源及土肥等环境条件具有一定的要求，因此应根据当地的实际情况，因地制宜选用良种，并做到良种良法配套，才能发挥良种的增产潜力。在品种选择上，要针对各地的气候特点、土壤情况、栽培管理水平、种植习惯、茬口安排、消费习惯等实际情况，因地制宜，选择适合当地种植的杂交玉米新品种。

(二)重视种子质量

目前,我国市场上销售的玉米杂交种能达到国标一级的近乎没有,真正达到国标二级的也不是很多(尤其是纯度指标)。据专家调查估计,玉米生产中因种子纯度、发芽率不达标影响单产一般在10%~20%。由于种子生产环节中存在着亲本退化、抽雄不达标、假冒伪劣等问题,种子质量参差不齐,再加上种子市场管理仍不很完善,所以购买种子一定要到正规的、信誉好的合法种子经销单位。

国标一级种子标准:纯度≥98%,净度≥99%,发芽率≥85%,水分≤13%。

国标二级种子标准:纯度≥96%,净度≥98%,发芽率≥85%,水分≤13%。

(三)种子处理

1. 选种

选用发育健全、发芽率高、饱满度好、纯度和整齐度高的种子,播种前去掉虫蛀粒、坏籽、霉籽,并晒种2~3天,以杀灭种子表皮的病菌,增强种胚生活力,提高种子发芽率。

2. 浸种

对选好的种子用种衣剂拌种,并配合含钛微肥拌种,以杀灭种子周围土壤及土壤中的有害微生物和害虫,具体措施如下。

(1)种衣剂的选择:采用复合剂型,用具有3种作用的药剂,即杀虫剂、杀菌剂(特普唑)和微量元素按一定比例配在一起,起到抗菌、防病治虫、抗旱和促进作物生长的作用。确保苗全、苗壮。

(2)人工包衣:固定大锅,加入适量种子,再按比例称取种衣剂加入锅内,快速搅拌,等种子均匀黏上种衣剂后待播。

二、适时播种,提高播种质量

(1)适时抢墒播种在生产上,将土壤表层5~10厘米地温稳定在10~12℃时定为播种的最适宜温度,结合当前气候条件及土壤墒情,一旦条件适宜,力争抢墒播种。

(2)适量播种。播种量一般在2~2.5千克/亩,根据品种特性酌情增减。

(3)播种规格。玉米播种应深浅一致,播深5厘米左右;行距60~70厘米。

三、苗期管理

(一)间苗定苗

间苗每穴留2棵壮苗,去掉多余弱苗,间苗后留苗数为要求密度的1.5~2倍。定苗一般在5~6片可见叶时,按规定密度留苗,定苗要掌握去弱留强、定向留匀、留壮的原则。对矮苗、密叶苗、下粗上细而弯曲的、遭病虫侵害的苗以及与品种典型形状有明显差异的杂苗、变异苗应彻底去掉,选留大小一致、植株均匀、茎基扁的壮苗。间苗、定苗应在晴天下午进行。

(二)中耕松土和除草

1. 中耕松土

中耕松土是促使幼苗早发,培育壮苗的重要措施。首先中耕能疏松土壤,疏通空气,提高地温;其次能调节土壤水分,促墒防旱,促进玉米生长。一般中耕2~3次,定苗前进行第一次浅中耕,一般3~5厘米;第二次可在拔节前后进行,注意掌握根旁宜浅、行间宜深。玉米出苗或降雨以后土壤易板结,要及时中耕。

2. 防除杂草

防除杂草一是可采用中耕除草,二是可采用喷洒化学除草剂进行除草。

四、合理施肥、培肥地力

土壤是栽培的基础,是重要的栽培条件之一。高产田要求的土壤条件有:物理性状良好(团粒结构,不板结,保水、肥、热性好,通透性好);肥力高(有机质含量高,氮、磷、钾比例适宜,微肥含量适宜)。

玉米施肥除了要遵循平衡施肥的原则外,还要注意施用方法。方法是否合理科学,直接关系到效益的高低。玉米的施肥方法要根据气候条件、种植密度、土壤肥力水平、施用肥料的种类和数量而灵活应用。一般情况下,应施足基肥,适量种肥,早施攻秆肥,重施攻穗肥,补施攻粒肥。

(一)施足基肥

播种前施用的肥料称为基肥。基肥可培肥地力,改良土壤结构,在玉米的整个生育期间源源不断地供给养分,以保证玉米的正常生长发育,基肥应以有机肥料为主,化学肥料为辅。玉米基肥的施用量,一般每亩土杂肥和厩肥1500~3000千克。基肥的施用方法应根据基肥的数量、种类和播种期的不同而灵活掌握,如果数量不多,应开沟条施,这样可提高根系土壤的养分浓度,农谚有"施肥一大片,不如一条线"的说法;基肥数量较多时,可在耕前将肥料均匀地撒在地面上,结合耕地翻入土内;钾肥、磷肥和锌肥等化肥最好与有机肥料混合施用;套种玉米可于播种前破背条施基肥,也可将肥过筛,用耧施入。

(二)适量施用种肥

播种时在种子旁边或随同种子一起施下的肥料称为种肥。

模块七 玉米高产栽培技术

施种肥一般可增产 10%,对于土壤养分含量贫乏,基肥用量少或不施基肥的,更需要施用种肥。玉米对种肥要求比较严格。首先要求酸碱度适中,对种子无烧伤、腐蚀作用,不影响种子发芽出苗。其次是肥效快,容易被幼苗吸收。硫酸铵、硝酸铵和氯化铵等都可用作种肥,一般每亩 5～7.5 千克为宜;尿素中的缩二脲容易烧伤种子,用量要少些,最多不能超过 4 千克/亩。磷、钾多数用作基肥施用,不再用做种肥,如果基肥用量不足或没有施用,可选用优质过磷酸钙、钙镁磷肥、重过磷酸钙等磷肥和氯化钾、硫酸钾、草木灰等钾肥做种肥。但要注意某些过磷酸钙质量低劣,其中游离酸含量超过 5%,不宜做种肥施用。氯化钾用量不能太大,每亩用量最多不超过 7.5 千克。氮、磷、钾复合肥或磷酸二铵作种肥最好,每亩可用 10～15 千克。不管用何种的肥料做种肥,都要做到种、肥隔离,避免烧坏种子。尤其是尿素和氯化钾做种肥时更要注意。种肥施用方法:可开沟或刨穴撒施,与土搅拌一下再播种,或者先用耧施下种肥,再在沟旁边播下种子。

(三)分期施用追肥

在玉米生育期内施用的肥料称为追肥。玉米是一种需肥较多和吸收较集中的作物,单靠基肥和种肥还不能满足全生育期的需要。目前玉米追肥,比较普遍地存在着"一炮轰"的不合理追肥方法,不管地力水平和追肥多少都在拔节期前后 1 次施入。这种追肥方法的缺点很多,若追肥量大,追施早,容易引起植株早期生长过快,降低抗倒折能力;若追肥量不多,容易造成后期脱肥早衰。追肥应分 2～3 次进行。土壤肥力一般,在施用种肥的基础上,追肥宜于拔节期和大喇叭口期分两次进行。拔节期追肥有的称为攻秆肥,大喇叭口期追肥有的称为攻穗肥。两次追肥量的分配,若地力基础较低,或没有施种肥、基肥的,宜采用"前重中轻"的分配方法,即拔节期追肥量占总追肥量的60%左右,大喇叭口期占40%左右;若土壤较肥或施了种肥、基肥的,宜采用"前轻中重"的分配方法,即拔节期追肥40%左右,大喇叭口期追肥60%左右。对于地力基础高,追肥宜分三次进行,即所谓攻杆肥、攻穗肥和攻粒肥。在施种肥的基础上,拔节期追肥量占总追肥量的30%~35%,大喇叭口期占50%左右,抽雄开花期占20%左右,这种追肥方法叫作"前轻、中重、后补"。种肥和拔节期追肥,主要是促进根、茎、叶的生长和雄穗、雌穗的分化,有保穗、增花、增粒的重要作用;大喇叭口期追肥主要是促进雌穗分化和生长,有提高光合作用,延长叶片功能期和增花、增粒、提高粒重的重要作用;抽雄开花期追肥有防止植株早衰、延长叶片功能期、提高光合作用和保粒、提高粒重的重要作用。不管什么时期追肥,都要禁止表面撒施,要开沟或刨穴深施,施后浇水。

五、合理灌溉

玉米大喇叭口期叶面积最大,蒸腾量大,为需水临界期,抽雄至吐丝期植株耗水强度最大,要想使玉米生产获得高产,一般需在大喇叭口期、抽雄至吐丝期及灌浆期补水,根据降水量的多少,一般浇2~3次水。玉米不同生育期耗水量见表7-1。

表 7-1 玉米不同生育期耗水量

时 期	耗水强度/(毫米/天)	占生育期耗水量(%)
播种至出苗	2.50	4.6
出苗至拔节	3.21	19.5
拔节至抽雄	5.05	30.4
抽雄至吐丝	8.56	9.2
吐丝至乳熟	4.73	22.9
乳熟至蜡熟	2.57	7.4
蜡熟至完熟	2.16	5.8

模块七 玉米高产栽培技术

改进灌溉方法。灌水方法不当，不仅浪费水，还会增加玉米的需水量，降低水分利用率。大畦漫灌不易控制浇水量，流量大，容易发生径流；沟灌靠水分缓慢浸润，减少土壤板结，避免水分向深层渗透。据对大畦漫灌，小畦灌溉和沟灌的试验，小畦灌溉比大畦漫灌的每亩节水 61.4 立方米，节约 19.4%；沟灌比小畦灌溉的每亩节水 16 立方米，节约 6.3%，比大畦漫灌的每亩节水 77.4 立方米，节约 24.4%，增产 18%。

六、适期晚收

玉米收获期的早晚对产量和品质有很大影响。现在生产上普遍存在收获偏早，在蜡熟末期 9 月 25 日左右就开始收获，玉米籽粒不饱满，含水量较高，容重低、品质差。实践证明：只有当春玉米苞叶变白，籽粒基部黑层出现，乳线消失时，玉米达到生理成熟即完熟期时进行收获，才能最高产量。

第七节 玉米膜下滴灌栽培技术

一、技术概述

玉米膜下滴灌栽培技术，主要采用大垄双行、地膜覆盖、滴灌灌溉技术。同时配合采用机械化作业、科学施肥、合理密植、生物防治、化学控制等先进技术。其特点是："一节"、"二保"、"三减"、"四增"、"五提高"，即一节：节水；二保：保墒、保温；三减：减少肥料损失、减少除草剂的飘移和挥发、减少白色污染；四增：增加地温、增加密度、增加产量、增加收入；五提高：提高水的利用率、提高农机作业水平、提高玉米品质、提高丰产性能、提高科学种田水平。节水、增产、增收效果十分明显。

二、适用区域

玉米膜下滴灌栽培技术适宜在我国西北部干旱地区推广应用。

三、技术要点

(1)有井灌条件：井的出水量大于 20 吨/小时，水泵功率大于 5 千瓦/小时。

(2)地块选择：土地连片，面积以 5 公顷为一个灌溉单元，或 5 公顷的倍数。坡度小于 10°。

(3)整地起垄：播种前整地起垄，灭茬机灭茬或深松旋耕，耕翻深度要达到 20~25 厘米，如果施用农家肥，要在灭茬耕翻前施用，前茬垄宽如果是 60~65 厘米，隔 1 个垄沟施于另外 1 个垄沟内(条施)，记住施肥的位置，起垄后保证所施农家肥在大垄的中间。起宽垄，打成垄底宽 120~130 厘米、垄顶宽 90 厘米的宽垄，即将原来 60~65 厘米的 2 条垄合并成 1 条宽垄。垄高在 10~12 厘米。起垄的同时深施底肥，每条大垄上施两行肥，两个施肥口的间距为 50~60 厘米。起垄后镇压。膜上播种对整地质量要求很高，一是灭茬效果要好。二是深松耙耢平整，做到不漏耕、无立垡、无坷垃、无堑沟。三是垄高要均匀一致，且不能超过 15 厘米。采用大型联合整地机一次完成整地起垄作业，整地效果好。

(4)施肥：在测土施肥的基础上，确定具体肥料施用量。一般每公顷施优质有机肥 40 立方米，施用多元素复合肥(15∶15∶15)600~650 千克，尿素 350~400 千克，硫酸锌 10~15 千克。施肥方法：多元素复合肥全部用做底肥，其他肥料做追肥，追肥可 1~2 次，在玉米大喇叭口期追肥为宜。如果

模块七 玉米高产栽培技术

采用 2 次追肥,第二次追肥在授粉后灌浆期进行。

(5)选用良种:要选用增产潜力大、根系发达、抗逆性强、适于密植的耐密型和半耐密型品种,种子发芽率不低于 90%,纯度不低于 98%,净度不低于 98%,含水率不高于 14%。选用品种的熟期可比当地主推品种延长 5~7 天,可选生育期在 128~132 天的品种。用种量要比普通种植方式多 15%~20%。

(6)种子处理:①晒种:播前 3~5 天,选择晴朗微风的好天气,将种子摊开在阳光下翻晒 2~3 天,以打破种子休眠,提高发芽势和发芽率。②种子包衣:选用适宜的多功能种子包衣剂进行包衣,预防玉米系统性侵染病害、地下害虫及鼠害。要选用经审定部门正式审定通过、"三证"俱全的多功能种衣剂,按照使用说明将药与种子搅拌均匀,摊开阴干后即可播种。要严格掌握种子包衣剂的使用剂量,以防药害。

(7)适时播种:按播种方式可分为膜上播种和膜下播种两种。

膜上播种。①播种时期:当耕层 5~10 厘米地温稳定通过 8℃时即可开犁播种。吉林省西部半干旱区播种期一般在 4 月 15~25 日。②种植密度:根据玉米品种特性和水肥条件确定,高水肥地块种植宜密,低水肥地块种植宜稀,植株繁茂的品种每公顷保苗 6.0 万~6.5 万株,株型收敛的品种每公顷保苗 6.5 万~7.5 万株。土壤肥力好的每公顷播种 7.0 万~7.5 万株,肥力较差的每公顷播种 6.5 万~7.0 万能株。收敛的品种加上肥力好的可播种 8.0 万株。每条大垄上种植 2 行,行距 30~40 厘米。③化学除草:选用广谱性、低毒、残效期短、效果好的除草剂。一般用阿乙合剂,即每公顷用 40% 的阿特拉津胶悬剂 3~3.5 千克加乙草胺 2 千克,对水 500 千克喷施,进行全封闭除草。④地膜:用厚度 0.01 毫米的地膜,每公顷 50 千克左右,地膜宽度根据垄宽而定,一般采用 1 米宽的地膜。⑤机械播种：用25马力左右的拖拉机作动力，采用玉米膜下滴灌多功能精量播种机播种，其作业顺序是铺滴灌带→喷施除草剂→覆地膜→播种→掩土→镇压，此作业可次完成，作业速度为2.5～3.0公顷/天，可节省引苗和掩苗操作过程。播种时可不考虑土壤墒情，可干播，土壤湿度越大播种质量越差。

膜下播种。①播种：有三种方式。一是机械播种。调整好株距、行距、播深、播量即可，开沟、点籽、覆土、镇压一次完成。二是半机械播种。机械开沟、覆土、镇压、人工点籽。三是人工播种，可用扎眼器。人工播种要注意行距，两行要播在垄中间，否则覆膜时容易将种子覆到膜外。②喷药：用机械将除草剂喷施于垄上，喷后要及时覆膜。③铺带、覆膜：用拖拉机完成这两项作业，拖拉机前端安装滴灌带架，将滴灌带放置在架子上，滴头向上。拖拉机后端挂上覆膜机，进行覆膜。地膜两侧压土要足，每隔3～4米还要在膜上压一些土，防止风大将膜刮起。④引苗、掩苗：当玉米普遍出苗1～2片时，及时扎孔引苗，引苗后用湿土掩实苗孔。过3～5天再进行一次，将晚出的苗引出。注意及时引苗，引苗晚了对作物生长有影响，严重时苗在膜内被烤死。

由于引苗要求及时，工作量大（每公顷引苗需要8个工，掩苗需要4个工），并且一次不能引完，出苗不齐的要引苗3次，大面积种植时要准备足够的劳动力。建议采用膜上播种。

(8)滴灌管网的设计与安装：滴灌管网分为主管、支管、毛管（滴灌带）。毛管连接到支管上，随大垄铺设在2行中间，毛管上镶嵌有滴头，滴头间距30厘米，滴头流量为2.8升/小时。铺管时滴头向上。支管连接到主管上，与垄向垂直，支管间的距离视地势而定，没有坡度或坡度很小，距离可远，一般

模块七 玉米高产栽培技术

在160～200米,坡度越大,距离越近。支管道直径为33毫米。每根支管上可连接16条滴灌带,构成一个"区"。主管连接在首部上,主管道直径为63毫米,主管和支管上安有阀门,用以控制开启。主管一般按"丰""土"字设计。首部连接到水泵上,并安装有压力表,并设有回流装置,当水泵功率过大时,多余的水可从回流口放出。首部内装有过滤网,对水中的杂质起到过滤作用,防止滴头堵塞。首部有两种,一种可灌溉5公顷,另一种可灌溉15公顷。管网安装比较简单,有水暖安装常识的人都可胜任。提供滴灌设备的厂家也会到现场演示指导安装。整个管网安装完毕后,要分区进行给水,对管内的异物进行冲洗,最后对各类管头安装封堵。

(9)田间管理。①滴灌灌溉:设备安装调试后,可根据土壤墒情适时灌溉,每次灌溉1公顷,根据毛管的长度计算出一次开启的"区"数,首部工作压力在2个压力内,一般10～12小时灌透,届时可转换到下一个灌溉区。在转换时,要先开启即将灌溉区的阀门,后关闭已灌溉完毕区的阀门。②防治玉米螟:可因地制宜地选用赤眼蜂、性诱剂、白僵菌、高压汞灯和化学农药颗粒剂等生物、物理和化学防治技术综合防治玉米螟。③追肥:以2次追肥效果为好,在玉米大喇叭口期、授粉后灌浆期追肥,每次用尿素150～200千克。追肥方法是用滴灌设备追肥,先计算出每个灌溉区的用肥量,将肥料在大的容器中溶解,再将溶液倒入首部的施肥罐中,开启水泵,10～15分钟肥液全部用完。如果溶液一次不能全部加入到施肥罐中,可重复加入,水泵停止工作再向施肥罐中加肥液,直至肥液全部用完。④中耕除草:除草主要是除垄沟的杂草,少量的杂草一般可以不除,待玉米植株长到一定高度时杂草就枯萎了。如果杂草较多、较茂盛,就需除草。一是人工除草。二是机械除草,用拖拉机带铧犁对垄沟耥一次,一般用小四轮一次可挂2个铧子,当拖拉机走到支管处时用事先准备好的2个桥架到支管上,拖拉机从桥上驶过。用机械中耕除草一定要注意玉米植株的高度,如果除草过晚,植株达到一定高度后拖拉机无法进地。⑤化学控制:因种植密度大、温度高、水分足,植株生长快,为防止植株生长过高引起倒伏。要采取化学控制措施。控制玉米株高,防止倒伏。可用"玉黄金"、"玉米壮丰灵"、"墩田宝"等植物生长调节剂。在大喇叭口期,超低量喷施玉米壮丰灵。

为了改善田间通风透光条件,减少养分的损失,有条件的在清除田间和地头大草的同时打掉玉米丫子和主茎上的无效小穗。

(10)滴灌设备收回及保管:秋天可将滴灌设备收回,首部放掉罐内的水分,防止生锈,清洗过滤网。主管、支管、毛管在玉米收获后即可收回。保管好安装小件,防止丢失。毛管一般可用2~3年,也可收回,在农闲时对其整理、黏接、打捆,主管、支管、毛管要妥善保管,防止鼠咬。

(11)适当晚收:为使玉米充分成熟、降低水分、提高品质,在收获时可根据具体情况适当晚收。一般提倡在10月5日之后收获。

第八节 玉米旱作节水农业技术

玉米旱作节水农业技术是节水、保墒、耕作等一系列综合农业节水技术措施,该项技术通过机械深松、节水灌溉、应用保水剂等方式,提高天然降水的利用率,降低灌溉用水量,确保一次播种拿全苗。

一、适宜区域

该项技术适宜在干旱地区推广应用。

二、技术要点

（一）品种选择

根据当地实际情况选择适宜品种。春旱年份和地区要注意选择苗期耐低温、种子拱土能力强、籽粒灌浆和脱水快、较抗旱的玉米品种。苗期耐低温、早发性好的品种，抗逆性强，并能充分利用前期光热条件；籽粒灌浆和脱水快能够躲避和减轻低温早霜对产量的影响。在中等肥力以下及盐碱地块，应种植耐密、半耐密中早熟耐旱品种。在肥力较高、有机肥及化肥投入水平高并有灌水条件的地块，在早春坐水抢种条件下，可以适当选择种植相对晚熟的高产品种。

（二）种子处理

播种前进行种子精选和晾晒，保证种子发芽率。选晒种子要挑选均匀一致的，去掉不正常粒，播前选择晴天晒种3天后进行种子包衣，以提高发芽势、抗病性和出苗整齐度。选用种子的纯度不低于96％，净度不低于98％，发芽率不低于90％，含水量不高于16％的高活力种子。播前进行发芽试验。根据具体情况选择种子包衣或催芽处理。

（三）配方施肥

实行测土配方施肥并通过增施有机肥等方法，达到以肥调水，使水肥协调，提高水分利用率。施用有机肥，不仅可以培肥地力，还能改善土壤物理环境，提高土壤持水保墒能力，结合整地每公顷施用有机肥20～30吨为宜，同时增施钾肥能起到减少植株蒸腾损失，提高水分利用率，增强作物自身抗旱能力的作用。

(四)主要播种灌溉技术

1. 机械深松蓄水

分全面深松和局部深松两种。全面深松是用全方位深松机或振动(翼式)深松机在工作幅宽上全面松土。局部深松是用铲式或凿式深松机进行间隔的局部松土。一般深松整地深度为35~45厘米,中耕深松深度为20~30厘米,垄作深松深度为25~30厘米。

2. 行走式节水灌溉机械播种

(1)施水方式:一种是种床开沟施水,用施水开沟器在垄上开沟、施水。开沟深度一般为6~10厘米,宽度为10~15厘米;另一种是种床下开沟施水,施水在种床表土下面,施水铧尖调整到比开沟器铧尖低3~5厘米处。

(2)施水量:根据土壤墒情来确定施水量,使其土壤含水量满足玉米种子出苗条件。旱情较重或沙质土壤施水量每公顷60~90立方米,旱情较轻施水量为每公顷30~60立方米。

(3)机械组装:在拖拉机牵引的拖车上安装水箱,在拖车后挂接坐水种单体播种机;从水箱引出放水管在开沟器后部固定,用放水阀控制水流量;用单体播种机同时深施肥,将施肥口置于开沟器与水管出口之间;在播种机后挂覆土器。另外,播后视土壤干湿情况及时镇压苗带,以防跑墒。

3. 行走式机械苗侧开沟节水灌溉

用小四轮拖拉机牵引装有水箱的拖车,拖车后挂开沟器和覆土器,开沟器上附有苗侧开沟注水装置,使开沟、注水、覆土作业一次完成。开沟深度一般为15厘米,沟与苗带相距一般为10厘米,注水定额一般为6吨/亩(相当于每株灌水1.8~2.4千克)。该项技术是以行走式和注入式为特点的节水灌溉技术措施，能够在苗侧根部形成一个具有保水、抗旱、增温、保苗等诸多效应的"湿团"体，灌水量是大水漫灌用水量的十分之一，在无降水条件下可保持苗活 20 天，可有效解决苗期干旱补水问题。

4. 微灌

微灌不同于传统的大水漫灌，在微灌条件下，只有部分土壤被水湿润，因此要根据玉米在全生育期不同生长阶段的需水要求，制定微灌制度。

(1)灌溉定额：作物在全生育期需要灌溉的水量。

(2)灌水定额：根据作物不同生育阶段的需水特性和土壤现有含水量来确定单位面积上的灌水量，计算公式表示为：

灌水定额＝0.1×土壤湿润比×计划湿润层深度×土壤容重(灌溉上限－灌溉下限)/灌溉水利用率

(3)灌水次数：当灌溉定额和灌水定额确定之后，就可以确定出灌水次数了，用公式表示为：

灌水次数＝灌溉定额/灌水定额

(4)灌水周期：根据作物需水规律及土壤墒情来确定，用公式表示为：

灌水间隔＝灌水定额×灌溉水利用系数/作物需水强度

5. 应用抗旱保水剂

保水剂可以将雨水或灌溉水多余的部分吸收储存在土壤中，成为农作物干旱时的"小水库"，并在一定时间内缓慢供应给作物吸收。

种子包衣：先将保水剂按 1‰ 浓度对水，待吸水成凝胶状后，再将玉米种子浸入，取出晾干即形成了包衣种子。

拌土或拌肥：将保水剂与细土或化肥混合，在起垄时均匀撒入播种沟。

6. 药剂除草

播种后要选用低残留、高效、低成本的化学除草剂进行苗带封闭除草。施药要均匀，做到不重喷、不漏喷、不能使用低容量喷雾器及弥雾机施药。

7. 田间管理

科学防治病、虫、鼠害，要加强田间管理，安全促早熟。

第九节 玉米地膜覆盖栽培技术

地膜覆盖栽培玉米主要有两种形式：一是小垄覆膜栽培；二是大垄双行覆膜栽培。地膜覆盖栽培玉米具有培肥地力、保墒、保肥、保温等作用，增产、增收效果十分明显。

一、玉米小垄覆膜栽培技术

(一) 适用范围

玉米小垄覆膜栽培技术适宜在干旱地区推广应用。该项技术增产效果可达到30%。

(二) 技术要点

(1) 地块选择。玉米小垄覆膜栽培要选择土壤耕层较厚，保水、保肥性能好，中等以上肥力的地块，西部地区最好具有井灌条件。

(2) 精细整地。前茬作物收获后，及时灭茬或深松旋耕并及时起垄镇压保墒。整地要求平整，结合整地深施底肥。耕翻深度要达到25厘米以上。

(3) 坐水和灌溉。西部半干旱区应采用坐水播种或播前灌底墒水，视土壤墒情每公顷灌60~120吨水，春旱严重时可适当增加灌水量。干旱区最好在土壤封冻前灌水,防春旱效果更好。如果在抽雄授粉、灌浆乳熟期发生干旱要及时补水。

(4)施肥。在测土施肥的基础上,确定具体肥料施用量。一般每公顷施优质有机肥 40 立方米,施用尿素 500~600 千克,磷酸二铵 100~150 千克,硫酸钾 50~100 千克,硫酸锌 10~15 千克,也可以全部选用多元素复合肥。施肥方法:氮肥总量的 1/3 及全部磷、钾、锌肥用做底肥,2/3 的氮肥做追肥,在玉米大喇叭口期追肥为宜;如使用多元素复合肥则全部用做底肥。

(5)选用良种。玉米覆膜栽培要选用增产潜力大、根系发达、抗逆性强、适于密植的耐密型和半耐密型品种,种子发芽率不低于 85%,纯度不低于 98%,净度不低于 98%,含水率不高于 14%。由于使用地膜覆盖技术,选用品种的熟期可比当地主推品种延长 5~7 天。

(6)种子处理。①晒种:播前 3~5 天,选择晴朗微风的好天气,将种子摊开在阳光下翻晒 2~3 天,以打破种子休眠,提高发芽势和发芽率。②浸种催芽:用 45℃ 清水或配成 500 倍的磷酸二氢钾溶液浸种 8~12 小时,使种子充分吸水。种子浸好后放在 25~30℃ 条件下进行催芽,催芽期间经常翻动,保证种子受热均匀,当胚根伸出 1 毫米时(拧嘴露白),摊开阴干后即可播种。③种子包衣:选用适宜的多功能种子包衣剂进行包衣,预防玉米系统性侵染病害、地下害虫及鼠害。要选用经审定部门正式审定通过、"三证"俱全的多功能种衣剂,按照使用说明将药与种子搅拌均匀,摊开阴干后即可播种。催芽播种的应先催芽后包衣,要严格掌握种子包衣剂的使用剂量,以防药害。

(7)适时播种。①播种时期及方法:当耕层 5~10 厘米地温稳定通过 8℃ 时即可开犁播种,播种期一般在 4 月 15~25 日。土壤含水量为 20% 左右墒情较好的地块可直接抢墒播种。播种后3～4小时,进行重镇压保墒(压强650克/平方厘米);土壤含水量低于16%的墒情较差的地块,要向播种沟内滤水增墒,要浇足水,使之与底墒相接,然后进行机械等距播种和覆土,覆土深度以3～4厘米为宜,覆土后用镇压器(压强400～500克/平方厘米)适当镇压保墒。②种植密度:根据玉米品种特性和水肥条件确定,高水肥地块种植宜密,低水肥地块种植宜稀,植株繁茂的品种每公顷保苗5.0万～5.5万株,株型收敛的品种每公顷保苗5.5万～6.5万株。③化学除草:在播种镇压后要适时进行除草剂土壤封闭,除草剂要选用广谱低毒、低农残、短残效的品种,以免影响轮作倒茬。为了提高除草剂的效果,要将除草剂在对水450千克的基础上进行全田垄面均匀喷洒,做到无漏喷、不重喷,并实行播种、覆土、喷除草剂、覆膜连续作业。④覆膜:厚度0.008～0.010毫米的超薄地膜,每公顷50千克左右,地膜宽度根据垄距而定,人工或机械覆膜均可。覆膜时要将地膜铺平拉紧,紧贴在垅面上,将两边用土压实,要注意防止压土过多影响透光和压土不严(漏压)失墒及刮风揭膜等现象发生。覆膜时垄面上每隔1.0～1.5米横压一条土,以防风剥地膜。

(8)田间管理。①剪孔引苗:播种覆膜后要经常查田,防止地膜破损和风剥。当玉米普遍出苗并在第一片真叶展开时,及时剪孔引苗,引苗后用湿土封严苗孔。②防治玉米螟:为最大限度地减轻玉米螟的危害,可因地制宜地选用赤眼蜂、性诱剂、白僵菌、高压汞灯和化学农药颗粒剂等生物、物理和化学防治技术综合防治玉米螟。赤眼蜂防治:于6月初至7月10日剖秆调查,当玉米螟化蛹率达20%时,后推11天为第一次放蜂适期,每公顷放蜂10.5万头,隔5～7天再放第二次,每公顷放蜂12.0万头,两次共计放蜂22.5万头。每公顷选

模块七 玉米高产栽培技术

15~30个点,将蜂卡固定在植株中部叶片背面叶基部1/3处。白僵菌封垛防治:5月中、下旬,在玉米螟越冬代幼虫化蛹前,每立方米玉米秸秆垛用白僵菌菌粉100克与10倍细土面或其他填充料混拌均匀,用喷粉器喷粉封垛防治。③适期揭膜:覆膜的主要作用是增温保墒,玉米封垄后,渐进雨季,地膜前期增温的作用也基本达到,这时就可以揭掉地膜,增加土壤的通透性,充分接纳雨水。一般揭膜可在6月末7月初进行,还要在玉米收获后再一次将残膜清除干净。不能及时揭膜的地方,应采用0.010毫米的超薄地膜,该厚度的地膜风化程度低,第二年春季仍较结实便于回收,用机械动力拖挂铁齿耙子,在秋收后整地前用耙子将地膜搂干净、集中回收,彻底解决地膜残留的"白色污染"问题。④追肥:在玉米大喇叭口期,每公顷用尿素300~400千克,进行垄侧深追肥,追肥深度要达到8~10厘米。⑤化学控制与促熟:根据各地的实际情况,有针对性地采取适当的化学控制和促熟措施。对生长过于旺盛、植株过高的田块喷施"玉米壮丰灵"等植物生长调节剂,控制玉米株高,防止倒伏;对生育期明显拖后的玉米田块,在玉米抽雄前7~10天喷洒植物生长调节剂促熟;为了改善田间通风透光条件,减少养分的损失,应及时清除田间和地头大草。对晚熟的玉米品种和贪青的玉米田块可适当打除植株底部枯黄的非功能叶片;人工去掉主茎上的无效小穗;推广玉米站秆扒苞叶晾晒技术,降低籽粒水分,促进安全成熟。

(9)适当晚收:为使玉米充分成熟、降低水分、提高品质,在收获时可根据具体情况适当晚收。如吉林省东(南)部山(半山)区一般在9月28日以后收获,中部地区一般提倡在10月5日之后收获。

二、大垄双行地膜覆盖栽培技术

(一)适用范围

玉米大垄双行覆膜栽培技术适应干旱地区、地势平坦、耕层较厚、机械化程度较高、中等肥力以上的地块。玉米大垄双行覆膜栽培技术，平均可增产35%以上。

(二)技术要点

(1)起宽垄：打成垄底宽120~130厘米、垄顶宽90厘米的宽垄。如采取缩垄增行的种植方式，应打成垄底宽90~100厘米、垄顶宽70厘米的宽垄，即将原60~65厘米的3条垄合并成2条宽垄。起垄后及时镇压保墒。

(2)选用良种：选用耐密型、半耐密型玉米品种，熟期可比当地主推品种延长5~7天。

(3)增加种植密度：采用"大双覆"栽培方式，具有较强的边际效应，种植密度可比普通种植方式增加玉米产量10%~15%，采用缩垄增行种植方式的种植密度可增加玉米产量20%~25%。

(4)其他田间管理及病、虫、草害防治相同于玉米小垄覆膜栽培技术。

第十节 玉米垄侧栽培技术

玉米垄侧栽培技术是通过土壤少耕、地表微地形改造和覆盖、"少动土"、"少裸露"，达到改善土壤结构和土壤环境及土壤微生物群体分布，从而实现保护土壤可持续发展，获得生态效益、经济效益及社会效益协调发展的目标。采用该技术可同时实现"三保"(保土、保水、保肥)、"三省"(省工、省力、省能)、"三增"(增产、增效、增收)。该项技术适宜在山区、半山区、丘陵、坡地、低洼易涝地块及平原地区推广种植,平均亩产比常规玉米栽培线亩增产5%以上,每亩节约成本10元以上,是当前玉米栽培降低生产成本、增加效益、节水保墒、培肥地力、固根防倒、防止"三流"(水、土、肥流失)、保护生态、降低污染、发展可持续农业的有效措施。保护性耕作技术操作简单,适用性强,经济效益、社会效益及生态效益十分显著,推广前景更加广阔。

一、适用范围

适宜在风沙土旱作地区推广应用。

二、技术要点

(1)保持传统垄作习惯,不用机械灭茬,保持原垄,上年保留根茬8~15厘米为宜。改连年垄上(台)种植为两侧垄邦交替种植,即第一年在一侧垄邦种植,第二年在另一侧垄邦种植,秋季收获时种植带留根茬。保留的根茬至翌年经风吹、日晒、雨淋、冻融自然腐烂还田。同时还有降低地表风速,减轻风蚀土壤与扬沙、扬尘的作用。

(2)改半精量播种为适量加密精量播种,每穴一粒种子,提高单株种子养分供给能力。

三、技术流程

玉米垄侧栽培技术流程,如图7-1所示。

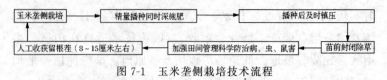

图 7-1　玉米垄侧栽培技术流程

四、技术规范

(1) 整地：及时施入有机肥，采用改进的犁铧（铧子的宽度 27～30 厘米）进行整地。平地或垄距较窄的地块和第一年采取该栽培方式的地块，在原垄沟靠近另一条垄侧处先穿一犁，施入底肥，做到深施肥，然后在垄侧深穿一犁起垄。坡地或垄距较宽的地块，可先在老垄沟施入底肥，然后直接在垄侧深穿一犁起垄。有条件的地方应在秋季进行整地和施肥，并在秋季达到待播状态。

(2) 播种：采用机械播种的在垄沟已施入底肥的垄侧深穿一犁破茬后跟犁播种，并施入种肥，最后在同一垄侧深穿一犁，掏墒覆土，单碇苗带镇压保墒，播深 3～4 厘米，做到播种深浅一致，覆土均匀，土壤较干旱时，采取深开沟，浅覆土，重镇压，一定要把种子播到湿土上；采用手提式播种器播种的应在秋季或早春施肥、成垄，达到待播状态。在适宜播种时间内用手提式播种器进行播种，播种后直接踩实播种孔。

(3) 镇压：当土壤含水量低于 18% 时，镇压强度为 600～800 克/平方厘米，土壤含水量在 22%～24% 时，镇压强度为 300～400 克/平方厘米。

(4) 药剂除草：播种后要选用低残留、高效、低成本的化学除草剂进行苗带封闭除草。施药要均匀，做到不重喷、不漏喷，不能使用低容量喷雾器及弥雾机施药。

(5) 田间管理：要加强田间管理，科学防治病、虫、鼠害。

模块七 玉米高产栽培技术

(6)收获留茬：收获方法可采用人工(或机械)收获方式进行。收获时应注意留茬，留茬高度应保持在8～15厘米。

第十一节 玉米宽窄行交替休闲种植技术

玉米宽窄行交替休闲种植技术简称玉米宽窄行栽培技术，该技术具有以下突出特点：一是通风好，透光性高，边际效应明显。二是苗带平作轮换休闲与根茬还田相结合，既能防止风包地和雨水侵蚀，又能有效地保护土壤的有机质。三是田间管理由传统的三铲三耥一次追肥为一次深松追肥，减少了作业环节和减少作业面积，降低作业成本30%以上，既省工省时，又节生产成本。四是蓄水能力增加、保墒能力增强，比常规垄作栽培土壤含水量提高1.8～3.2个百分点。五是可适当增加密度，实现以密增产。

一、适用范围

适宜在我国北方少雨旱作地区推广应用。

二、技术要点

(1)改垄作种植为平作种植，根据玉米生育特性及产量构成因素，大垄双行平作种植后，应充分发挥品种优势，应用耐密紧凑型玉米品种，实行苗带宽窄行种植，缩小株距，加大种植密度。即改变传统65厘米的垄距种植，成为宽行90厘米，窄行40厘米平作种植，宽行为休耕带，窄行为种植生长带，休耕带与生长带进行隔年交替。

(2)改半精量播种为半株加密精量播种，每穴一粒种子。

(3)改3次中耕(三铲三耥)为1次只对宽行进行深松，深度为30~40厘米。

(4)改秋收后低留根茬粉碎还田为留高茬,高度为30~40厘米,并保留根茬不动,至翌年经风吹、日晒、雨淋、冻融自然腐烂还田。

三、技术流程

玉米宽窄行栽培技术流程,如图7-2所示。

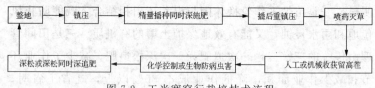

图7-2 玉米宽窄行栽培技术流程

四、技术规范

(1)整地:第一年采用宽窄行栽培的,要对地块进行全面的灭茬旋耕。整地必须在秋季进行,有条件的可以在田间施入农家肥。采用一次性施肥的,在耕整地的同时,根据土壤肥力的不同,一次施入适量的底肥。第二年,只需对宽行也就是头一年的休耕带进行旋耕。整地后,当表土有1厘米左右干土层时,使用双列V形镇压器进行镇压。

(2)种子处理:播种前5~7天要对玉米种子进行晾晒,并且经常翻动,连续晾晒2天。同时,用合适的种衣剂对种子进行包衣。

(3)播种:当耕层土壤10厘米处温度通过10℃时即可播种。在秋翻地的基础上将原有65厘米的均匀行距改40厘米的窄苗带和90厘米的宽行空白带(有的地区苗带和空白带距离大小不等),用双行精播机实施40厘米窄行带精密点播或精确半株距加密播种。播种后,当土壤出现1厘米左右干土层时,用苗带重镇压器对苗带进行重镇压,较干旱的地块,播种后应立即镇压。播种后,要及时选用高效、低残留的除草剂对土壤进行苗前封闭除草。

(4)深松追肥:在6月中下旬雨季到来之前,用深松追肥机在90厘米宽行带实施30~40厘米深松追肥。采用一次性施肥的地块,只进行深松作业。

(5)病虫害防治:病虫害防治技术同常规玉米栽培技术。

(6)高留根茬:秋季收获的时候,要高留根茬,留茬高度为30~40厘米。

模块八　收获储藏与秸秆还田

第一节　玉米种子的结构、形成过程及储藏特性

一、种子的形态结构

玉米的种子实质上是果实(颖果)，通常叫种子或籽粒。它具有多样的形态、大小和色泽。有的种子近圆形，顶部平滑，如硬粒型玉米；有的扁平，顶部凹陷，如马齿型玉米；有的表面皱缩，如甜玉米；也有的椭圆形，顶尖，形似米粒，如爆裂型玉米等。种子的大小差别也很大，一般千粒重200～350克，最小的只有50多克，最大的可达400克。种子的颜色有黄、白、紫、红、花斑等，我国栽培的多为黄色和白色。

玉米的种子由果皮、种皮、胚乳、胚4部分组成。果皮和种皮紧密相连，不易区分，习惯上均称为种皮(子实皮)。另外，种子的下端有一"尖冠"，它使种子附着在穗轴上，并且保护着胚。脱粒时，尖冠留在种子上。如果把它去掉，则胚的黑色覆盖物(黑层)即可出现，它标志着种子已达生理成熟，此时收获产量最高。

二、种子的形成过程

雌穗受精后花丝凋萎，即转入以籽粒形成为中心时期。种子形成过程大致分为4个时期：籽粒形成期、乳熟期、蜡熟期

和完熟期。各期所需天数因品种和环境条件而异。

（一）形成期

形成期指自受精到乳熟初期为止。一般早、中熟品种在授粉后 15 天左右，晚熟品种在授粉后 20 天左右。此期末，胚的分化基本结束，胚乳细胞已经形成，种子已初具发芽能力。此阶段果穗和籽粒体积迅速增长，但干重积累很少。日增干重仅 1%，粒重占最大干物重的 10% 左右。籽粒中水分含量很高，在 80%～90%。此期结束时果穗穗轴已达正常大小，籽粒体积达最大体积的 75% 左右。籽粒呈胶囊状，胚乳呈浆水状。

（二）乳熟期

乳熟期指乳熟初期至蜡熟初期止。经历 20 天左右，此期胚乳开始乳状，后变成糯糊状。进入此期末，果穗粗度、籽粒和胚的体积都达到最大，籽粒增长迅速，日增干重 3%～4%，粒重累积干物质总量占最大干物重的 70%～80%，绝对累积量占 60%～70%。

（三）蜡熟期

蜡熟期指自蜡熟初期到完熟之前，为期 10～15 天。此期籽粒干物质积累速度慢，数量少，为粒重缓慢增长期，日增干重在 2% 左右，阶段累积量约占籽粒最大干物重的 20%～30%，籽粒水分含量逐渐下降为 40%～50%，胚乳因失水由糊状变为蜡状。果穗粗度和籽粒体积略有减少，籽粒内干物质积累还继续增加，而速度减慢，但无明显终止期。

（四）完熟期

在蜡熟后期，干物质积累已停止，主要是籽粒脱水过程，含水量由 40% 下降到 20%，籽粒变硬，指甲划不破，具有光泽，靠近胚基部出现黑层，呈现品种特征，即称为完熟期。完熟期结束时，茎秆往往因其中一部分纤维素、果胶和木质素的分解而倒伏，故应及时收获。

三、影响籽粒发育的因素

（一）温度

玉米灌浆期的适宜温度为 20～24℃，22～24℃ 为最适宜温度。在这一范围内，光合作用旺盛，有机物质运输速度快，胚乳内物质转化合成旺盛。超过 25℃，促进呼吸消耗增多，致使千粒重降低。当日均温度为 16℃ 时，灌浆很慢。主要是由于低温降低了光合速率，叶片蒸腾量降低，气体交换减弱。

温度明显影响抽穗到成熟的日程。如日平均温度 25.8℃，抽穗到成熟仅 31 天，23.4℃ 需 40 天，19.9℃ 需 44 天，17.4℃ 则需 48 天。

昼夜温差对籽粒灌浆有明显影响。昼夜温差大有利于玉米灌浆。

（二）水分

水分的多少不仅影响光合能力，而且影响营养器官中的物质向籽粒中运输，最终影响籽粒容积的扩大和充实。籽粒形成期的含水率为 86%～92%，乳熟期为 46%～80%。当含水率降到 40% 以下时，灌浆缓慢。这充分说明水分对籽粒发育的重要性。

根据刘绍棣的研究，籽粒发育的不同时期缺水，对产量构成因素的影响是不同的。开花期、籽粒形成期缺水，每穗粒数明显减少。每穗减少 87～194 粒，千粒重也有所降低。乳熟期和蜡熟期缺水，对每穗粒数没有影响，千粒重则明显降低，尤其是乳熟期缺水，对粒重影响最大。

（三）光照

玉米粒重 90%～95% 来自授粉后的光合产物。因此，籽粒发育过程中光合作用产物的多少,是决定粒重的关键。

(四)肥料

在籽粒形成过程中,适量供给氮肥,叶片功能期长,工作效率高,并可增强根的活性,有粒大粒饱的效果,品质也有所提高。磷、钾肥对提高蛋白质含量也有作用。

四、种子储藏特性

玉米种子具有很高的吸湿性,特别是胚易于吸收水分,这样就保证了胚能很好地利用土壤中的液态水和气态水,可迅速的发芽。但这种特性也使种子储藏发生困难,易发热发霉,使种子发芽率降低。因此,作为种子用,无论整穗储藏,或脱粒储藏,种子含水量不能高于14%。播前选择种子,可根据胚的形态来判断种子的生命力。凡是失去发芽力的种子,胚部发暗,没有光泽,常常突出或皱缩;相反地,新鲜而发芽力强的种子,胚是凹形而有光泽。这些特征对选种时提高种子质量具有重要意义。

种子生活力的高低与种子的成熟度、种子储藏期间的外界条件和种子寿命有密切关系。充分成熟的和储藏保管得当的种子,在2~3年仍然可以保持较高的发芽能力。但在生产上还是采用前一年新收获的高质量的种子为宜。因为这样的种子储藏年限短,内部的养分消耗少,能保证充分供应发芽时所需的养料。山东农业科学院以三个品种试验指出,储存2年的种子,比1年的种子发芽率减少17.6%~38.2%。

第二节 化肥秋施做底肥的优点及方法

农业生产中常规的施肥方法是播种时与种子同时播下,但这样做容易导致烧种、伤苗,影响保苗增产。近年来一些地方采用化肥秋施做底肥的方法，获得了大幅度增产的效果，仅玉米每亩平均增产48～75千克。

一、化肥秋施的优点

（一）解决了烧种问题

如果每亩施尿素超过4千克，就会影响种子的发芽率。春播用尿素做种肥的方法，形成种、肥同位，尿素吸水溶解，使种子周围土壤溶液的浓度骤然升高，种子内部所含的结晶水便向高浓度的土壤溶液中渗透，产生生理烧种。秋施尿素，可以避免这一有害现象。

（二）减少了挥发损失

由于春施尿素做种肥的数量少，需在6～7片叶时再追肥，追肥入土浅，遇干旱发挥不了作用，挥发损失较多。结合秋翻、打垄或破垄夹肥，能够把化肥施入15厘米深的土层，而秋施比追肥深5～7厘米，覆土厚，增加了土壤的吸附性能，从而减少了尿素的挥发损失，达到增产的目的。据试验表明，亩秋施尿素10千克做底肥的玉米比夏季追肥的增产16%、高粱增产22%；亩秋施碳铵30千克做底肥的玉米比苗期追肥的增产10%、小麦增产11%。

（三）提高了化肥效率

秋施尿素，深度一般在15厘米，提高土壤对肥的吸附能力，这一深度，正好是玉米根系密集区，这就扩大了氮肥在耕层的分布范围，改善了玉米根系的养分条件。肥料分布在根系附近，有利于根系的吸收，扩大了耕层的营养范围，改善了根际养分状况，提高了尿素的利用率。再配合施种肥，可形成氮肥分层分布，为作物持续、稳定、均衡地供应氮肥，满足了玉米整个生育期对氮肥的需求，避免了后期脱肥现象发生。

（四）增加了施肥量

化肥秋施做底肥可以增加施肥量，能防止烧种、伤苗，有利于一次播种一次保全苗。

（五）节省了追肥用工

结合秋翻地施底肥能节省追肥用工，缓解夏锄劳力紧张状况；同时还调解了农时，使玉米能播在高产期，为玉米丰产创造了良好的生长发育条件。

（六）为使用机械施肥创造了条件

秋翻施底肥能为使用机械施肥创造条件，还能扩大施底肥的面积。

二、秋施尿素的方法

（一）秋施时间

据试验表明，10月末至11月上、中旬，在土壤5厘米深度处，温度等于或小于4℃时，

进行秋施肥最适宜，因为施肥后不久，土壤可立即结冻。过早施肥会使地温过高，土壤中微生物活动旺盛，尿素分解快，易损失；过晚施肥表层土上冻起块，与尿素接触不紧密。同时还要根据气温、施肥面积、人畜机具力量合理安排。

（二）秋施方法

玉米、高粱、谷子等硬茬作物地，秋翻后整平耙细，起垄夹肥；大豆等软茬作物地可破茬后施用，然后掏墒覆土即可。施肥后要及时镇压，防止土肥接触不良，造成尿素挥发损失。

（三）秋施深度

尿素秋施的关键是深施，施浅了不能和根系密集层相遇，易挥发损失。一般要求施入深度为10厘米以上，最好是12~

15厘米。

(四)秋施数量

一般每亩施15千克,可根据土壤肥力和计划产量适当增减,在施肥总量中留出4千克做种肥,其余全部施入。

(五)保证质量

秋施尿素时,要求土壤条件同春播时一样,土壤细碎,上虚下实。如果施肥质量不好,达不到要求深度,将直接影响尿素秋施的效果。

第三节 玉米穗腐病

玉米穗腐病又称玉米穗粒腐病,是由多种病原真菌引起的玉米果穗或籽粒霉烂的总称。广义上的玉米穗腐病还包括玉米储藏期间的穗粒霉变,收获后及储藏期间的霉变是收获时病害的延续和发展。玉米穗腐病在我国各玉米产区均有发生,是世界玉米产区普遍发生、危害严重的病害之一,一般品种发病率为5%~10%,感病品种发病率可高达50%左右。

一、症状

穗腐病主要在玉米生长的中后期发生,玉米苞叶变黄以后是发病的高峰期,青苞叶玉米一般不受害。果穗受害,穗尖苞叶及干死的花丝最先腐烂,呈湿腐状,果穗病部苞叶常被密集的菌丝贯穿,黏结在一起贴于果穗上不易剥离。剥开穗尖苞叶,常见有大量的白色菌丝附着在苞叶和籽粒上,发病较重时可见到红色粉状物,发病严重时整个果穗腐烂,出现大量红色粉状物。有的果穗顶部或中部变色,并出现粉红色、蓝绿色、黑灰色、暗褐色、黄褐色等不同颜色的霉层(病原菌的菌丝体、分生孢子梗和分生孢子）。病籽粒无光泽，不饱满，质脆，内部空虚，常为交织的菌丝所充塞。由于病菌产生毒素，因此受害较重的果穗既不能食用，也不能用作饲料。

二、病原

玉米穗腐病是由多种病原菌浸染引起的，主要有禾谷镰刀菌、串珠镰刀菌、青霉菌、曲霉菌、枝孢菌、粉红单端孢菌等20多种，其中串珠镰刀菌和禾谷镰刀菌是最主要的病原，占到了穗腐病的80%以上。不同病原菌引起的穗腐病，其症状及发生规律各不相同。

三、发病规律

气候条件是引起玉米穗腐病的主要原因之一。玉米生长中后期，尤其是成熟期温度低，阴雨天气多，造成玉米穗尖积水则发病重。

不同的玉米品种之间抗病性存在差异。一般苞叶紧的果穗类型比苞叶松的类型抗病，成熟时果穗下倾的类型比果穗直立的类型抗病，果穗苞叶不开裂的比果穗苞叶开裂的品种抗病，普甜玉米比超甜玉米抗病，自交系比杂交种抗病。

玉米螟的为害可造成大量伤口，为病菌的侵入提供条件，因此玉米螟为害严重的地块发病重。种植密度过大，氮肥施用量大，田间郁蔽，通风透气性差，造成田间小气候高湿，利于病菌滋生和侵入。农田害鼠为害过的穗也易发生穗腐病。

四、防治措施

穗腐病的初侵染来源广泛，控制湿度是防病的关键。因此防治策略是以农业措施为基础，充分利用抗（耐）病品种，改善储存条件，农药灌心与喷施保护相结合的综合防治措施。

(一)农业防治

(1)选用抗病品种：不同品种对穗腐病的抗性差异显著。发病严重地区，应选种抗性强、果穗苞叶不开裂的品种。

(2)与豆科等作物轮作 2~3 年，清除田间病株残体，适期早播。

(3)合理密植，降低田间湿度是防病关键。

(4)合理施肥，注意氮、磷、钾及微量元素合理搭配。施足基肥，拔节期或孕穗期及时追肥，防止生育后期脱肥早衰，增强植株抗病能力。

(5)生育期间应及时防治害虫、减少伤口。

(6)站秆扒皮促进早熟。玉米成熟后要及时收获，待充分成熟后采收。

(7)玉米收获后，及时清除病残体和病果穗，集中烧掉或结合深耕翻入土中彻底腐烂，减少病菌滋生的场所，减少越冬菌源，是防病的重要措施。

(8)折断病果穗的霉烂顶端，防止穗腐病重新扩展。

(二)安全储藏

充分晾晒后入仓储存。采收时果穗含水量控制在 18%，脱下的籽粒含水量在 15% 以下，以确保安全储藏。

(三)药剂防治

(1)药剂拌种或种子包衣。

(2)防治穗部害虫。控制玉米螟、黏虫、象甲、桃蛀螟、金龟子、蜡类和棉铃虫等害虫对穗部的危害。

(3)大喇叭口期，用 20% 井冈霉素 WP 或 40% 多菌灵 WP 每亩 200 克制成药土点心，可防病菌侵染叶鞘和茎秆。在玉米吐丝期，用 65% 代森锌 WP 400~500 倍液喷果穗，防止病菌侵入果穗。

第四节 玉米田除草剂秋施技术

一般于作物收获后,气温降到 5℃ 以下至土壤封冻前,先进行秋季耕翻整地,整地的标准是要求达到标准的待播状态,整地后进行土壤封闭除草,通常称为秋施药,即秋施除草剂。

一、秋施除草剂的理论基础

土壤处理除草剂的持效期受挥发、光解、化学和微生物降解、淋溶、土壤胶体吸附等因素影响。黑龙江省省冬季严寒,微生物基本不活动,秋施除草剂等于把除草剂放在室外储存,其降解是微小的。

二、秋施除草剂的时间

秋季,于 9 月下旬当气温降到 10℃ 以下即可施药,最好在 10 月中、下旬气温降到 5℃ 以下至封冻前施药。

三、秋施除草剂的用量

秋施除草剂用量可比春施增加 10%~20%,岗地、水分少可偏高。低洼地、水分好可偏低。

四、秋施除草剂的方法

(一)施药前土壤达到播种状态

地表无大土块和植物残体,不可将施药后的混土耙地代替施药前的整地。

(二)施药要均匀

施药前要把喷雾器调整好,使其达到流量准确、雾化良好、喷洒均匀,作业中要严格遵守操作规程。

(三)混土要彻底

混土用双列圆盘耙,耙深10~15厘米,机车速度每小时6千米以上,地要先顺耙一遍,再以同第一遍呈垂直方向耙一遍,耙深尽量深一些,耙后可起垄,注意不要把无药土层翻上来。

五、秋施除草剂的选用配方(公顷用量)

使用96%精异丙甲草胺1500~2100毫升/公顷+70%嗪草酮500~700克/公顷 96%精异丙甲草胺1500~2100毫升/公顷+75%宝收(噻吩磺隆)20~25克/公顷+70%嗪草酮400~500克/公顷。

用96%精异丙甲草胺1500~2100毫升/公顷+80%阔草清30~45克/公顷。

用90%乙草胺1.9~2.2升/公顷+75%宝收(阔叶散)15~20克/公顷+70%赛克400~500克/公顷。

80%阔草清30克/公顷+72%都尔(或72%普乐宝)2.5~3.5升/公顷。

用80%阔草清30克/公顷+50%乐丰宝3.6~5升/公顷 80%阔草清30克/公顷+90%乙草胺2.0~2.5升/公顷 72%都尔,或72%普乐宝2.5~3.0升/公顷+70%赛克500~700克/公顷 72%都尔(或72%普乐宝)2.5~3.0升/公顷+75%宝收(阔叶散)15~20克/公顷+70%赛克400~500克/公顷。

用50%乐丰宝3.6~4.3升/公顷+75%宝收(阔叶散)15~20克/公顷+70%赛克400~500克/公顷。

用50%乐丰宝3.6~4.3升/公顷+70%赛克500~700克/公顷 90%乙草胺1.9~2.2升/公顷+70%赛克500~700克/公顷。

第五节　玉米田鼠害防治

我国农田年均发生鼠害近 5 亿亩次，年均农户发生 1.2 亿户次，每年造成粮食损失近 50 亿千克，瓜果、蔬菜等经济作物损失更大。据联合国粮农组织的报告，全世界每年因鼠类直接造成的农作物损失就达 170 亿美元，相当于全部农作物产值的 20%。中国农业部统计，仅 1990 年和 1991 年，农业鼠害的发生面积为 3841 公顷，直接粮食损失 200 万千克。

黑龙江是我国鼠害重发省份之一，近年来，随着粮食连年丰收，农区鼠害的危害程度也有所加重。

一、鼠类的生物学特性

鼠类具有生命力强、适应范围广、繁殖率高等特点，这与鼠的生物学特性相关。因此，研究鼠类的生物学特性，是研究和防治鼠害的基础。

鼠类的生物学特性主要包括食性、活动规律、鼠的洞穴、鼠类的栖息环境、鼠类的越冬及蛰眠、鼠类的迁移、鼠类的繁殖、鼠类的生长发育等。

（一）鼠类的食性

大多数鼠类以植物性食物为主，而且多为广食性，少数狭食性。

研究鼠的食性非常重要，利用鼠的嗜好食物作为毒饵的饵料，有利于提高防治效果。

1. 鼠类食物的种类

鼠类食物的种类分为植物性、动物性或二者兼食。绝大多数种类的害鼠以植物为食，而且是广食性的。例如，栖息于农田中的黑线姬鼠喜食稻、麦、玉米、高粱、豆类、花生等农作物的种子,薯类的块茎及瓜果等,亦吃植物的茎叶和昆虫。在荒漠、半荒漠中生活的子午沙鼠可采食23种食物,夏季以植物茎叶为主,冬、春、秋季以种子为主。

2. 决定鼠类食性的因素

一是遗传本能,也就是动物对食物的本能接受程度;二是环境中的食物来源;三是鼠类的喜食性。鼠类的食性除了受这三个因素决定外,它们对食物的选择还取决于食物的可获得性。当喜食的食物比较贫乏,而营养价值较低的食物频度大时,鼠就会就近取食,从而获得必要的能量,这是鼠的一种优化觅食策略。

在食物丰富的环境中,鼠类总是选择营养价值高、适口性好的食物。因此,可以把鼠类的食物根据其喜食程度分为:

嗜食性食物——这类食物无论在何时,总是被鼠首先采食,且频率最高。

可食性食物——这类食物虽常被取食,但频率较低。

偶食性食物——这类食物很少被采食,但在食物缺乏的情况下,为补充能量,鼠类可能偶尔取食。

鼠类的食性随性别、年龄有一定的变化。例如,黑线仓鼠胃中食物的总检率,雌鼠明显高于雄鼠。这可能是由于雌鼠怀孕、哺乳幼仔需要更多的营养。

3. 鼠类的食量

多种野鼠在秋、冬季有储藏食物越冬的习性。例如,中华鼢鼠的一个鼠洞可储粮20千克,马铃薯20~25千克。一些不贮食或少贮食的鼠类,一般冬季都要到洞外觅食,一年四季均可活动。

(二)鼠的活动规律

1. 活动强度

多数鼠种在出生后 3 个月到 2～3 年内活动能力最强,出生后 3 周内的幼鼠和 3 年以上的老年鼠活动能力较弱。鼠在觅食、筑巢、求偶、交配时,活动量增加。雌鼠在怀孕和哺乳期活动量减少。一般成年雄鼠的活动能力大于雌鼠。

2. 鼠的活动高峰

鼠的活动依其在一日中的活动高峰时间,可以分为 3 种类型。

日出型,这类鼠活动高峰期在白天,多栖息于隐蔽条件好或便于入洞躲藏的环境,如黄鼠、长爪沙鼠、布氏田鼠等。

夜出型,这类鼠活动高峰期大都在日落后和日出前,如黑线姬鼠、大仓鼠、子午沙鼠等。

日夜活动型,这类鼠一天 24 小时都能出来活动,如鼢鼠、褐家鼠、小家鼠、黄胸鼠等。

3. 鼠的活动与外界环境条件的关系

气候、季节及温度的变化对鼠的活动有一定的影响。日出性的鼠类,在气候寒冷的冬季,每天只有一个活动高峰期,而在夏季,则是避开烈日以温度较温和的早晨和午后为主,因而在一天中有两个活动高峰期。一般白天活动的鼠类,当阴、雨和有风的天气时活动很少。

4. 鼠的巢区及领地

鼠在活动时按一定的路线行走,且以洞穴为中心有一个经常性活动范围,叫巢区。在巢区范围内,不同洞系个体间有一定的相容性,可共同觅食。

一般不同性别间巢区重叠面积较大。在巢区内多数鼠种还有只允许自身或同一家族活动的地方,叫领地,当同种其他个体进入时,就会出现驱赶和争斗。

鼠的活动距离也随鼠种而异。野栖鼠一般在农田、草地、荒坡上活动,有的鼠种如黄毛鼠、黑线姬鼠等在秋末可进入村边住宅区;农田鼠种的活动距离,沙鼠为200~400米,远者可超过1千米,布氏田鼠的活动距离可达4~10千米。

(三)鼠的洞穴

洞穴是鼠类隐藏身体逃避敌害之处,也是储粮、越冬、休息和繁殖的场所。鼠类的洞穴通常由洞口、窝巢、仓库、厕所、盲道等部分组成,称为洞系。

鼠的洞系按其结构又可分为冬季洞、夏季洞、临时洞。冬季洞常有8~16个洞口,多的可有几十个,还有窝巢、仓库、厕所等,洞道很长,而且纵横交错;夏季洞无仓库,窝巢较小,洞口3~10个,洞道短;临时洞仅有2~4个洞口,洞道长1~3米,无其他构造。

洞穴结构最复杂的要数鼢鼠,其洞穴有三层:第一层是距离地面8~15厘米与地面平行,洞径为7~10厘米的一条主干洞道,沿主干洞道两侧有多条觅食洞道。主干道下层,距地面约20厘米为第二层洞,称为常住洞,洞道宽大,内有临时仓库。在常住洞的下方,距地面150~300厘米处为第三层,称为"老窝"。老窝中有巢室、仓库、厕所和盲道等。

(四)鼠类的栖息环境

鼠的适应性很强,分布非常广泛,在寒冷的高山、干热的沙漠、高原、岛屿、草原、农田、农村、城镇等每个角落,都有鼠类的生存。甚至在特殊的环境中,如飞机、火车、船舶这些移动的场所均有鼠的踪影。但鼠类一般总是选择在食物丰富的环境中,就近寻找便于隐蔽的地方作窝巢,以利于生活和繁殖。

根据鼠种栖息场所，可将鼠类分为野栖和家栖两大类。野栖鼠类多栖息在野外，如农田、草原、荒漠、河谷、丘陵、山地及森林等地带。绝大多数园林害鼠为野栖类，如黄鼠、田鼠、鼢鼠、仓鼠、沙鼠、跳鼠等。家栖鼠类多栖息于住宅、仓库、厨房、厕所、下水道等处。有的家栖鼠如褐家鼠和小家鼠与人类伴生，凡是有人居住的地方就有该鼠的存在。有的鼠家野皆栖，如黄胸鼠等。严格说家鼠种类只有3种，即小家鼠、褐家鼠和黄胸鼠，其余的鼠类都是野栖鼠。

根据鼠类的生活习性和栖居方式，可将鼠类分为树栖、地栖、半水栖3种类型。树栖鼠类，如飞鼠、赤腹松鼠等，生活于山林中，筑巢于树洞内或树枝间，主要以树木的果实、种子、嫩枝叶为食。地栖鼠类，绝大多数在地下挖洞过穴居生活，有的则在岩石洞或石缝中作洞穴，如岩松鼠。半水栖鼠类，如麝鼠等，生活在有水域的地方，陆地栖居，水中生活。麝鼠栖息于沼泽及有植被的水浜地区，觅食水生植物及小型水生动物，洞穴常有两个洞口，一个在水上，一个在水下。

我国地域广阔，气候和地理条件差异很大，在不同环境条件下，生活着不同种类的鼠类。从全国范围看，鼠类虽然约有180种，而主要的害鼠不过10多种，具体到一个县或乡，可能只有一两种或三四种。

在北方，除了小家鼠、褐家鼠有时给农田造成严重危害外，主要农田害鼠有大仓鼠、黑线姬鼠、鼢鼠、黄鼠。南方的主要农田害鼠是板齿鼠和黄毛鼠和黑线姬鼠。北方林区的主要害鼠有林姬鼠、棕背鼠平；南方林区主要害鼠是赤腹松鼠。在牧区，主要害鼠为黄鼠、沙鼠、鼢鼠和兔尾鼠等。除上述各种主要害鼠外，不同的地区，还可能有本地的危害鼠种。

（五）鼠的越冬及蛰眠

我国秦淮河以北地区，冬季寒冷，食物缺乏，对鼠类生存构成极大的威胁。鼠类种群的越冬是鼠类安全度过不良环境的对策，具有种的遗传性。害鼠越冬的形式主要有冬眠、储粮、迁移和改变食性。

冬眠的种类有黄鼠、田鼠、跳鼠、旱獭。其特点是在植物生长季节充分育肥，入蛰前使体内积蓄大量脂肪。入蛰后心律变缓，体温降至4℃左右，两眼紧闭，口尾相对，体蜷缩不食不动，进入冬眠状态。待来年地温回升再苏醒出蛰。这类动物的寿命多在3年以上，生殖力较低，每年只繁殖1窝或2窝。年度的数量变动幅度较小。

冬眠是动物对寒冷环境的一种适应，具有种的遗传性。随着秋末的来临，气温逐渐降低，草木干枯，缺乏食物和水分，有冬眠习性的鼠类开始封闭洞口，进入巢室进行冬眠。

环境温度是引起鼠类冬眠的主要因素。鼠类在冬眠期间，主要靠消耗体内储存的脂肪取得机体所需要的能量。因此，在入蛰前体内脂肪的积累是冬眠鼠顺利越冬和得以存活的必要条件。

储粮越冬的种类有仓鼠、田鼠、鼢鼠、沙鼠等。它们依靠秋季收集的大量种子、茎叶或块根、块茎作为冬季的主要食物。

由于它们大多是群居性的，秋季储粮的个体数量较多，而其中一部分会在冬季死亡，留下来的个体会有相对多的食物供给，这有利于种群的延续。

这些鼠类个体较小，寿命较短，繁殖力强，数量变动幅度较大。

改变食物的鼠种多见于林区，如大林姬鼠、鼢鼠等，食物的匮乏迫使其转而啃食树皮、树根或幼苗等，对林业和越冬作物为害极大。

我国长江以南的亚热带、热带地区鼠类的越冬条件较好，一般仅减少或停止繁殖，而不改变其他习性。

(六)鼠类的迁移

鼠类的迁移分为季节性迁移和扩散性迁移两类。在季节性迁移的种类中，最明显的是家鼠。春、夏季节野外食物丰富，就在野外生活，秋、冬季节又迁入居室，所以通常秋、冬居室内的鼠害最为严重。大多数野鼠秋、冬季会迁至麦场、粮垛、柴垛及村镇附近。沙鼠、跳鼠、黄鼠则集中于田间林地、田埂、荒地越冬。这一时期的农业生产任务较轻，可利用鼠类集中的时机大力杀灭。扩散性迁移的原因有幼鼠与亲鼠分居，寻觅新的栖息领地，或者是由于食物匮乏，鼠类大量迁移另觅食源地，或者是发情觅偶以及环境发生不适于生存的改变。扩散中鼠类常造成突发性的为害。

(七)鼠类的繁殖

不同鼠种的繁殖时间、次数、胎数都不同。有一年繁殖1次的，如黄鼠、鼢鼠等；有一年繁殖2~3次的，如仓鼠、沙鼠等；还有一年繁殖5~8次以上的，如褐家鼠、小家鼠。由于它们的种类不同，年龄不同，繁殖数量也就不同。有的每胎2~3只幼仔，有的每胎6~7只，有的每胎10只以上。

鼠类的繁殖力是由种群的年产仔窝数、每窝产仔数、开始产仔时的年龄、雌雄性比等因素决定的。

春季是鼠类开始大量繁殖的季节，大多个体进入性周期。雄体表现为睾丸降入阴囊，储精囊充满精子，开始追逐雌体，求爱并交配。而雌体则在卵巢出现黄体、子宫壁加厚，阴道分泌物的涂片在镜检下可见到大量上皮组织。

一些鼠类交配后，出现被雄鼠前列腺胶状物堵塞的阴道栓,由此可判断其是否妊娠。雌鼠的孕期为20~28天。产仔后母体子宫留有胚胎痕记,称为"子宫斑",可在母体保持很长时间,据此可准确了解其产仔数。一年产多窝的种类在产仔后可很快进行交配。

(八)鼠类的生长发育

1. 鼠类年龄组的划分

根据鼠类生长阶段,一般将其分为幼鼠、亚成体鼠、成鼠和老体鼠4个年龄组。各组间的比例是判断种群结构、预测数量变化的依据之一。幼鼠指自出生至可独立觅食的阶段,多数鼠种在这一阶段死亡率较高。亚成体鼠指可独立觅食至性成熟阶段,有些鼠种则为与亲鼠分居为分界。成体鼠是种群中的繁殖主体,其体形、性器官均已成熟。老体鼠其体形、毛色已明显衰弱,大多数鼠种在此阶段仍有繁殖能力。

幼鼠出生后,体裸露无毛,闭眼。约10天后睁眼、长毛,20天左右出洞,30天就可与母体分居。繁殖力强的种类,长到亚成体后就可参与繁殖。冬眠种类及秋季出生的幼鼠则在翌年才参加繁殖。

鼠类的寿命与其繁殖力、个体大小有关。繁殖力强、个体小的种类平均寿命仅1~2年,而繁殖力弱、个体大的种类平均寿命为3~5年。

2. 测定鼠类年龄组成的方法

测定鼠类年龄组成的方法有很多,主要方法有以下几种:

(1)依体重或体长划分。这种方法需要先建立各年龄组的数值范围。因受体肥满度及测量误差的影响,各组间有一定的重叠。其特点是操作简单,但误差较大。

(2)依臼齿的磨损程度划分。这种方法操作较复杂且需要一定的经验,但其误差较小。

(3)依胴体重划分。胴体重是指将内脏(包括生殖器官)去掉后的鼠的体重。用这种方法测定的结果误差较小,但各组间仍有一定程度的重叠。

(4)依眼球晶体的重量划分。眼球晶体随年龄的增长而加重,因其无血管,几乎不受营养和增长速度的影响,以其划分年龄误差小、可靠性强。但操作复杂,需要灵敏度很高的分析仪器,且需要较长的时间固定、烘干。

二、鼠的分类

鼠类是陆生哺乳动物中最大的一个类群。按照动物学的分类体系,鼠类属于脊索动物门,脊椎动物亚门,哺乳纲,真兽亚纲,分属于啮齿目和兔形目。因这两个目的动物在某些结构和生态习性等方面颇为相似,故统称为啮齿动物,简称鼠类。

以小白鼠为例,其分类地位如下:

界:动物界。

门:脊索动物门。

亚门:脊椎动物亚门。

纲:哺乳纲。

亚纲:真兽亚纲。

目:啮齿目。

亚目:鼠形亚目。

科:鼠科。

亚科:鼠亚科。

属:小鼠属。

亚属:小鼠亚属。

种:小家鼠。

亚种：小白鼠。

但是，狭义上的鼠类是指啮齿目的动物。啮齿目常见的鼠类主要分属于 8 个科。啮齿目全世界有记载的现存种共有 1687 种，兔形目共 54 种。我国啮齿目共有 146 种，分属于 12 科，62 属；兔形目 22 种，分属于 2 科，3 属。黑龙江省啮齿目共有 23 种，分属于 6 科；兔形目 5 种，分属于 2 科。

（一）东北地区的鼠种及分布

我国地域广阔，气候和地理条件差异很大，在不同环境条件下，生活着不同种类的鼠类。从全国范围看，鼠类虽然有 170 种左右，而主要的农业害鼠不过 10 多种。

东北主要农业害鼠有褐家鼠、黑线姬鼠、大仓鼠、达乌尔黄鼠、小家鼠、黑线仓鼠、东北鼢鼠、东方田鼠、花鼠、长尾黄鼠等。

（二）鼠的种类

我国啮齿类动物分为 13 个科，共约 190 种，其中为害比较严重的有 30 多种，北方常见害鼠分属于啮齿目的鼠科、仓鼠科、松鼠科、跳鼠科及兔形目的鼠兔科。

鼠科：褐家鼠、小家鼠、黑线姬鼠、黄胸鼠、巢鼠、大林姬鼠。

仓鼠科：大仓鼠、黑线仓鼠、东方田鼠、布氏田鼠、鼢鼠、攻爪沙鼠、短尾仓鼠、子午沙鼠、红尾沙鼠、中华鼢鼠、东北鼢鼠。

松鼠科：黄鼠（达乌尔黄鼠、长尾黄鼠、红颊黄鼠、天山黄鼠、沙黄鼠、阿拉善黄鼠等）、岩松鼠、花鼠、草原旱獭等。

跳鼠科：五趾跳鼠、三趾跳鼠。

鼠兔科：鼠兔。

(三)鼠类的形态

虽然鼠类的种类很多,外貌形态各异,但身体结构基本相似。

从外部形态看,鼠体型都较小,全身被毛,体躯可分为头、颈、躯干、尾和四肢5部分。臼头尖嘴、细足长尾、眼小耳短、外貌奸狡。脚趾末端生利爪,既能刨土掘洞,也可攀物登高。雌性胸、腹部生有成对乳头。头是鼠类的取食和感觉中心,躯干是鼠类的运动和繁殖中心。

鼠类与其他哺乳类动物最主要的形态区别是:上下颌各有1对锄状门齿,无犬齿,取代其位置的是齿隙。鼠类与同属一个纲的兔形目相似,但两者的区别是兔形目有两对上门齿,且为前后排列。

(四)鼠类的内部器官系统

鼠的内部器官系统与其他哺乳动物基本一致。食草种类的盲肠发达,杂食类的盲肠较短。鼠类的生殖系统与种群增长密切相关。同其他大多数动物一样,鼠类必须经过两性的交配,才能产生正常的后代。雄性鼠的生殖器官主要有睾丸、附睾、输精管、前列腺及阴囊等。雌性鼠的生殖器官主要有卵巢、输卵管、子宫、阴道及阴蒂等。

(五)鼠类的雌雄鉴别

鼠类的雌雄鉴别最可靠的方法是依据腹内的生殖器官。在生殖期间,其性器官大多很容易辨别。此时雄性的阴囊膨胀,睾丸从腹腔中降入阴囊。雌性的阴门体积增大;妊娠、哺乳期的乳头明显。在不能解剖的情况下,通常幼体的性别是通过阴部的开口数辨认的。雄性有肛门和尿殖口两个开口,而雌体有肛门、阴道和尿道三个开口。

三、农田鼠害的防治

(一)农业防治

结合农业生产,创造不适宜其栖息、取食、生存、繁殖的环境条件。耕翻与平整土地、整修田埂沟渠、清除田间杂草、合理布局、及时收获、改造房舍。

(二)生物防治

很多鸟、兽、蛇都是鼠类的天敌。利用病原微生物灭鼠也是生物防治的方法之一。

(三)物理防治

采用捕鼠器械防治害鼠。虽然成本高,但不污染环境,效果明显,使用方便,是控制低密度鼠害的有效措施。

(四)化学防治

用有毒药物毒杀或驱逐鼠类的方法,是短期杀灭大量害鼠的主要方法。效果好,使用方便,但污染环境。

(五)常见杀鼠剂

(1)经口灭鼠剂。分速效和缓效灭鼠剂。

(2)熏杀灭鼠剂。分熏蒸剂和烟剂两类。

(3)驱鼠剂。有驱避作用,防止害鼠接近被保护目标。

第六节 整地与秸秆处理

一、秸秆还田

玉米秸秆还田的方式主要有直接还田(翻埋还田,覆盖还田)和间接还田(养畜过腹还田、沤肥还田)。随着机械化收获

模块八 收获储藏与秸秆还田

和秸秆粉碎机械作业的推广,玉米秸秆直接还田的面积逐步扩大。目前限制玉米秸秆还田的主要障碍因素包括适合机械化收获籽粒品种缺乏,现有品种熟期晚且生物产量高;土壤耕层浅容纳不了过多秸秆;部分收获机械质量不过关,留茬高、灭茬质量差,秸秆粉碎度不足,秸秆过长等。

(一)秸秆粉碎覆盖还田

在玉米收获时用玉米联合收割机(或用秸秆粉碎机械)将收获后的秸秆就地粉碎并均匀抛撒在地表覆盖还田,用免耕播种机直接进行下茬作物播种。秸秆粉碎要细碎均匀,秸秆长度不大于10厘米,铺撒均匀,留茬高度小于15厘米。

(二)秸秆粉碎后翻埋还田

整地后播种下茬作物。用犁耕翻埋还田时,耕深不小于20厘米,旋耕翻埋时,耕深不小于15厘米,耕后耙透、镇实、整平,消除因秸秆造成的土壤架空,为播种和作物后期生长创造条件。与翻埋还田相比,覆盖还田既把秸秆作为覆盖物,起到减少风蚀、水蚀,减少蒸发土保水作用,并且作业次数少、作业成本低。因此,秸秆覆盖还田的综合效益、可持续发展效益好于翻埋还田,是今后的发展方向。

秸秆还田的地可按还田干秸秆量的0.5%~1.0%增施氮肥,以调节碳氮比。

二、机械化耕整地

土壤是玉米生长的基础,是决定产量高低的主要因素之一。合理耕作可疏松土壤,恢复土壤的团粒结构,达到蓄水保墒、熟化土壤、改善营养条件、提高土壤肥力、消灭杂草及减轻病虫害的作用,为种子发芽提供一个良好的苗床,为玉米生长发育创造良好的耕层。

(一)耕整地的农艺要求

(1)耕地要精细。耕地后要充分覆盖地表残茬、杂草和肥料,耕后地表平整、土层松碎,满足播种的要求;耕深均匀一致,沟底平整;不重耕,不漏耕,地边要整齐,垄沟尽量少而小。

(2)旋耕与深耕隔年轮换。机械深耕具有打破犁底层、加厚土壤耕层、改善土壤理化性状、促进土壤微生物活动和养分转化分解等作用。所以旋耕一般要与深耕隔年或2年轮换,以解决旋耕整地耕层浅、有机肥施用困难等问题。

(3)旋耕与细耙相结合。深耕后的田块要结合施肥进行浅耕或者旋耕,耕深一般在15~20厘米,旋耕次数在2次以上。采用重耙耙透,消除深层暗坷垃,使土壤踏实,形成上虚下实的土壤结构,以解决土壤过于疏松的问题。

(4)结合深耕,增施有机肥。可以增加土壤有机质含量,改善生产条件,培肥地力,提高土地质量。

(二)耕整地机械的种类

根据耕作深度和用途不同,可分为两大类。

(1)对整个耕层进行耕作的机械,如铧式犁、圆盘犁、深松机等。

(2)对耕作后的浅层表土再进行耕作的整地机械,如圆盘耙、齿耙、滚耙、镇压器、轻型松土机、松土除草机、旋耕机、灭茬机、秸秆还田机等。

(三)耕整地作业方法

现阶段北方春玉米耕整地方式分为起垄种植和平播,起垄种植一般秋整地后即可进行打垄,或者是在春季顶浆打垄,采

取扶原垄或进行三犁川打垄(倒垄制),主要有以下几种方式:

(1)秋翻秋起垄。耕深35厘米,做到无漏耕、无立垡、无坷垃;及时起垄或夹肥起垄,耕后及时耙压。

(2)秋翻春起垄。早春耕层化冻14厘米时,及时耙耢,起垄镇压,严防跑墒。

(3)深松起垄。先松原垄沟,再破原垄台合成新垄,并及时镇压。

(4)顶浆起垄。早春化冻14厘米时进行顶浆起垄。

(5)耙茬起垄。适用于大豆、马铃薯等软茬,先灭茬深松垄台,然后扶原垄镇压。

(四)保护性耕作和联合耕作

传统的铧式犁翻耕+圆盘耙耙碎作业方法,可以消灭多年生杂草并实现秸秆还田,但土壤风蚀、水蚀严重,加重土壤干旱;需要配套较大动力的拖拉机,而农村广大农户使用的小型拖拉机无法满足要求。近几年国内外逐步发展了以少耕、免耕、保水耕作等为主的保护性耕作方法和联合耕作机械化旱作技术。

(1)少耕。减少土壤耕作次数和强度,如田间局部耕作、以耙代耕、以旋耕代翻耕、耕耙结合、免中耕等,大大减少了机具进地作业次数。

(2)免耕。利用免耕播种机在作物残茬地直接进行播种,或对作物秸秆和残茬进行处理后直接播种的一类耕作方法。少耕、免耕通常与深松及化学除草相结合,以达到保护性耕作的目的和效果。

(3)联合耕作。一次进地完成深松、施肥、灭茬、覆盖、起垄、播种、施药等项作业的耕作方法。它可以大大提高作业机具的利用率,将机组进地次数降低到最低限度。

采用大功率拖拉机实现松耙联合整地作业，质量更好，速度更快，是未来发展的趋势。黑龙江农垦秋季采取大型机械复式作业，深松、耙茬、碎土一次完成，需用375马力以上的拖拉机，才能达到作业标准。如JD9620T型拖拉机(500马力)牵引930B型复式联合整地机一次完成深松35～45厘米，耙茬18～20厘米和碎土作业。

模块九　成本核算与产品销售

第一节　玉米生产补贴与优惠政策

2015年中国粮食产量"十二连增"后，农业结构性矛盾开始显现。在三大主粮中，玉米阶段性过剩问题最为严重，库存较多。同时，廉价进口也导致国内玉米没有被充分消费掉。

官方因此开始调整政策。2016年除计划调减2000万亩以上玉米种植面积外，还决定在东北三省（黑龙江、吉林、辽宁）和内蒙古自治区取消实施多年的玉米临储收购政策，建立玉米生产者补贴制度，希望以此提升农业发展质量和效益。

此外，在玉米价格由市场形成的基础上，国家对各省区亩均补贴水平保持一致，体现"优质优价"，促进种植结构调整。中央财政将补贴资金拨付至省级财政后，由各省（自治区）制定具体的补贴实施方案，确定各自的补贴范围、补贴对象、补贴依据和补贴标准等。

目前，东北和内蒙古已经初步制订了本省区玉米生产者补贴方案。财政部相关人称，财政部将于近期提前拨付部分补贴资金，使财政补贴政策尽快落实。

第二节　成本与效益分析

一、成本核算

（一）玉米成本

农产品成本是农产品价值的一部分，是生产一定种类、一定数量的农产品所消耗的生产资料和劳动报酬费用之和，一般用单位农产品成本表示。种植业生产企业具有季节性强、生长周期长、经济再生产与自然再生产相交织的特点，种植业成本因计算截止时间的农产品的特点而异，成本计算期与产品生产周期相一致。由于农业生产的特殊性，在进行农产品成本核算时，还须考虑农产品成本的空间（地区、地块）和时间（年度）差异性。同时需要正确规定自产自用产品的估价办法以及不同作业、不同生产项目的共同生产费用和主、副产品费用的分摊办法等。

（二）农产品成本构成

农产品成本是衡量农业生产过程中劳动耗费和农业企业经营管理水平的尺度。种植业成本项目一般可设置以下几项。

（1）直接材料。直接材料指实际耗用的自产或外购的种子、种苗、肥料、地膜、农药等，发生时直接计入种植业的生产成本。

（2）直接人工。直接人工指直接从事种植业生产人员的工资、工资性津贴、奖金、福利费等，包括机械作业人员的人工费用。

（3）机械作业费。机械作业费指生产过程中进行耕、耙、播种、施肥、中耕、除草、喷药等机械作业所发生的费用支出。如燃料和润滑油、修理用零部件、农机具折旧费、农机具修理费等。有航空作业的种植业,还包括航空作业费。

(4)其他直接费用。其他直接费用是指除直接材料、直接人工和机械作业费以外的其他直接费用,如灌溉费、抽水机灌溉作业费、运输费等。

(5)制造费用。制造费用是指应摊销、分配计入各种植业产品的间接费用,如种植业生产中所发生的管理人员工资及福利费、晒场等固定资产折旧费、晾晒费用、场院照明费用、晒场维修费、晒场警卫人员工资、粮食清选费用、烘干费等。此外还包括种植业生产服务的辅助生产车间,在提供自制工具、备件、供电、供水、修理等过程中发生的费用。

(三)玉米生产成本的计算

大田作物生产成本的计算需要计算其生产总成本、单位面积成本和主产品单位产量成本。

(1)生产总成本。就是该种大田作物在生产过程中发生的生产费用总额,这一成本指标由农业生产成本明细账直接提供。

(2)单位面积成本。即公顷成本,就是种植1公顷大田农作物的平均成本。其计算公式如下:

某种作物单位面积(公顷)成本＝该种作物生产总成本/该种作物播种面积

(3)单位产量成本。某种大田作物的主产品单位产量成本,也称为每千克成本。

大田作物在完成生产过程后,可以收获主、副两种产品。为了计算主产品单位成本,需从全部生产费用中扣除副产品价值。每千克成本的计算公式如下:

产品单位产量(千克)成本＝该公式中的副产品价值,又称为副产品成本,可采用估价法或比例分配法予以确定。

二、经济效益分析

经济效益就是生产总值同生产成本之间的比例关系，是资金占用、成本支出与有用生产成果之间的比较。用公式表示为：

经济效益＝生产总值/生产成本

经济效益是衡量一切经济活动的最终的综合指标。提高经济效益，即以尽量少的劳动耗费取得尽量多的经营成果，或者以同等的劳动耗费取得更多的经营成果，对于社会进步具有十分重要的意义。玉米的竞争力主要取决于玉米的成本和价格。在玉米生产过程中，需要消耗土地、劳动力、农业生产资料等生产要素，最后产出的玉米需要通过经济效果评价，才能衡量玉米生产的价值。

三、降低玉米成本的途径

农产品成本的降低，是增加农业企业盈利、增加资金积累、实现农业扩大再生产和提高农业劳动者收入水平的重要条件。我国农业发展缓慢的根本原因在于农产品成本过高，主要是由于农业生产的小型农地经营方式，而实行适度规模经营和实现农业的产业化，合理利用土地、劳动和机械设备，推进技术进步，才能有效降低生产成本。一般来说，降低农产品成本的途径包括以下几点。

（1）采用先进技术，提高单位面积产量，同时提高劳动生产率，节约劳动力。

（2）合理施用肥料、农药，合理进行灌溉、播种，以提高技术措施的经济效果，节约原材料消耗。

（3）提高固定资产利用率，降低固定资产的折旧费用。

（4）合理调整农业生产布局和农业生产结构，提高农业投资效益等。

第三节 产品销售

一、玉米质量标准

玉米国家级质量标准包括玉米国家标准、饲料用玉米国家标准以及工业用玉米国家标准。这三个标准既相互联系又各有特点。玉米国家标准是大宗玉米的通用标准，广泛适用于商品玉米的收购、储存、运输、加工以及销售。而饲料用玉米标准和工业用玉米标准针对性更强，在玉米国标的基础上，又有一些变化和调整。这三个标准的共同点是以含水量、杂质、不完善粒、生霉粒等作为衡量玉米品质的主要指标；其不同点在于饲料用玉米增加了粗蛋白质这一技术指标，而工业用玉米则舍弃了容重这一指标项。从总体看，容重、杂质、含水量、不完善粒以及生霉粒指标是衡量玉米质量最基本也是最重要的指标，具有广泛的代表性和权威性。

（一）容重

容重指单位容积的重量。一般都是用升来作为一个单位容积的。粮食籽粒在单位容积内的质量，以克/升表示。一升玉米的重量，就称为玉米的容重。玉米容重反映的是玉米总体籽粒的饱满度，在含水量一定的情况下，容重越大，质量越高，表示虫蛀空壳的、瘪瘦的玉米粒越少。

（二）不完善粒

不完善粒指受到损伤但尚有使用价值的颗粒。包括下列几种：

（1）虫蚀粒。被虫蛀蚀，伤及胚或胚乳的颗粒。

（2）病斑粒。粒面带有病斑、伤及胚或胚乳的颗粒。

(3)破损粒。籽粒破损达本颗粒体积1/5(含)以上的颗粒。

(4)生芽粒。芽或幼根突破表皮的颗粒。

(5)生霉粒。粒面生霉的颗粒。

(6)热损伤粒。受热后外表或胚显著变色和损伤的颗粒。

(三)分类

(1)黄玉米。种皮为黄色,或略带红色的籽粒不低于95%的玉米。

(2)白玉米。种皮为白色,或略带淡黄色或略带粉红色的籽粒不低于95%的玉米。

(3)混合玉米。不符合黄玉米或白玉米分类要求的玉米。

(四)杂质

杂质是衡量粮食质量的重要指标,与粮食储存、加工有密切关系,包括筛下物、无机杂质和有机杂质3类。玉米以外的有机物质,包括异种类粮粒均为杂质;严重病害、热损伤、霉变或其他原因造成的变色变质,无使用价值的玉米均为杂质;玉米芯上的玉米应剥离下来,分别归属。

二、销售价格影响因素

玉米市场收购价格会受生产、需求、气候、经济周期等因素的影响而变动。

(一)玉米供求

一般而言,玉米生产供过于求时价格就会下降,反之价格就上涨。玉米的供求受玉米供给、需求、库存、价格等方面的影响。如美国、中国和南美、巴西、阿根廷等生产大国玉米产量和供应量对国际市场的影响较大,同时玉米深加工工业发展也影响玉米价格。一般地进,在库存水平提高的时候,玉米价格走低;在库存水平降低的时候,玉米价格走高,结转库存水平和玉米价格存在负相关关系。饲料小麦、饲料稻谷和豆粕与玉米有很强的替代关系，价格间相互关联。一般而言，这些产品价格变化会导致玉米价格朝相同方向变化。

（二）气候的影响

玉米作为农产品，无论现货价格还是期货价格都会受到天气因素的影响。播种和生长期间，天气情况的改善会使玉米产量由减产转为增产，并导致供求心理预期的变化，玉米价格随之产生下跌压力。反之，玉米价格会由于长期干旱或其他不利因素而诱发供给紧张，并产生推动价格上涨的动力。但玉米价格对天气变化的反应程度最终取决于市场总体的供需情况。

（三）其他因素

宏观政策（包括生产资料价格、产业政策、进出口政策、储备政策、货币政策等）、宏观经济周期、政治局势以及一些突发事件都对玉米价格走势有影响。

我国的玉米生产具有相对独立性，每年进口量较低，出口量相对稳定，每年的国内产量成为影响国内供给的主要因素。一般而言，国内玉米在10月底开始陆续上市，上市时正是玉米现货价格走低的时候，到翌年5~6月玉米开始走向紧缺，价格开始走高，到7~8月价格达到顶峰。